国际商业购物空间与品牌设计

鲁睿 著

图书在版编目（CIP）数据

国际商业购物空间与品牌设计 / 鲁睿著 . -- 天津：
天津大学出版社 , 2021.5
ISBN 978-7-5618-6938-3

Ⅰ . ①国… Ⅱ . ①鲁… Ⅲ . ①商店－室内装饰设计－
世界－教材②品牌－产品形象－设计－教材 Ⅳ .
① TU247.2 ② J524.4

中国版本图书馆 CIP 数据核字 (2021) 第 092643 号

GUOJI SHANGYE GOUWU KONGJIAN YU PINPAI SHEJI

出版发行　天津大学出版社
地　　址　天津市卫津路 92 号天津大学内（邮编：300072）
电　　话　发行部 022-27403647
网　　址　www.tjupress.com.cn
印　　刷　廊坊市瑞德印刷有限公司
经　　销　全国各地新华书店
开　　本　185mm × 260mm
印　　张　13
字　　数　374 千
版　　次　2021 年 5 月第 1 版
印　　次　2021 年 5 月第 1 次
定　　价　88.00 元

序言
PREFACE

2014 年，习近平在文艺工作座谈会上的讲话中提到“古往今来，中华民族之所以在世界有地位、有影响，不是靠穷兵黩武，不是靠对外扩张，而是靠中华文化的强大感召力和吸引力”。文化艺术设计活动应贯彻习总书记关于讲好中国故事的要求，中国的商业空间环境设计亦应如此。本书作者鲁睿副教授多年从事商业空间领域的设计和教学一线工作，创意设计享誉海内外，并具有回溯过去、面向未来的前瞻性眼光，本书图文并茂，是作者近几年的设计工作体会和心得总结。

进行商业购物空间与品牌设计对于一家实体店来说至关重要。中国的实体商业经济要走出一条自己的道路，就必须有自己的品牌定位、自己的个性空间和品牌设计。当顾客走进商店时，商业空间必须表达出自己的品牌特色。这就意味着商业空间的设计要和消费者不断提升的购物体验要求相匹配。在百度、拼趣（Pinterest）、照片墙（Instagram）等逐渐取代书籍和专业杂志的时代，以互联网和社交网络作为项目灵感来源的趋势日益明显。这些平台提供的信息帮助设计师提高专业技能，使他们的观念、工作板、策略、设计语言及项目品质标准化，因而产生了很多所谓流行却相似的设计，再加上现实与创新之间存在着矛盾，也使得一些设计雷同。如何解决上述问题并获得正确的设计方法呢？本书作者提出了掌握概念设计分析的具体方法，对大中型综合商场的室内外空间环境设计、商业购物空间规划与品牌设计有一个系统的、全面的叙述与展示。无论是初创设计公司的设计规划人员，还是环境艺术专业的本科生，都能从本书中收获独特的创意策略和个性化的设计表述语言。

期待读者能以本书为起点，不断关注商业空间设计，关注用户体验，希望看到中国的城市不断出现独立的品牌商业综合体和零售商店，为民族商业贡献自己的设计原创力量。

2020 年 10 月

前言 FOREWORD

本书说课视频

本教材由天津美术学院校级课题资助

党和国家对城市建设公共文化服务体系的战略要求在不断提高，党的十八大提出“到 2020 年公共文化服务体系基本建成”的战略目标。一座城市仅仅有图书馆、美术馆、博物馆、活动中心、音乐广场等，不能算是有完整的公共文化服务体系。没有文化的城市是难以想象的，在城市更新中，更新的不只是硬件设施，还应提升由文化引领的价值观和审美观等。设计不只可以解决当下的问题，还可以使城市拥有持续的活力。

商业购物空间设计被视为一种艺术，其规划与设计越来越多地影响着人们的情感、趣味和生活方式。为此，如何在现有经济条件下提供合理、人性且有效率的商业购物空间环境已是文明生活的一环。随着信息化、数字化等现代通信、管理方式的介入，设计人员应对商业购物空间规划与设计中的新问题给出相应的对策。

本书作为系列教材中的一本，着眼于当今高等院校环境艺术类专业的“商业购物空间”这一主干课，主要作为普通高校建筑类环境艺术专业本科生教材，对大中型综合商场的室内外空间环境设计进行详尽分析。商业购物空间对环境艺术与室内设计要求最高，综合性较强，最具代表性的。以它为起点，设计人员向上扩展可以参与城市商业街区的整体建设，向下延伸可以规划、设计各个销售单元和专卖商店。理论联系实际是本书努力追求的一大特色。多年的设计实践和教学体会，以及在国外交流和学习的经历，使我在编写本书时注重对商业购物环境的论述，对经营者和顾客心理方面的系统归纳和设计案例在环境方面的特殊性展示，还有对商场环境和功能系统、全面的分析以及对实践工作的指导与借鉴。

本书力图对商业购物空间规划与设计有一个系统的、全面的叙述与展示，特别是从综合商场的空间环境入手，全面介绍外立面环境与室内设计、门厅与中庭、营业厅的平面与功能、扶梯与楼梯、顶棚与地面、柱面与墙面、陈列柜架与展台、广告与标志等的设计原则、注意事项与实例分析，努力使本书在完整性与系统性、理论性与实践性、教学运用与设计运用等方面相结合。

在本书的后半部分，选用了一些本人在美国、瑞士、德国、日本等国家拍摄的照片，对商场环境艺术的造型、色彩、材质、光线等基本设计手段进行了说明，供读者参考。

由于时间仓促，加之作者水平有限，书中不妥之处敬请读者指正。

鲁睿
2021 年 4 月

目录
CONTENTS

037

第三章

商业购物空间的室内设计

125

第四章

商业购物空间的室外设计

171

第七章

国内外优秀作品赏析

第一章
商业购物空间和商店卖场的概念

随着经济水平的提升与生活环境的改善，以及人们休闲时间的增加，逛街、购物、从事商业活动已成为人们生活中不可或缺的“活动”与动态元素。为此，如何在现有经济条件下创造一种合理、人性化且有效率的商业购物空间环境已是文明生活的重要一环。

商业购物空间是商业空间的一种，是一种空间，是一种环境。它不只是平面的，还是可融合三度空间与时间的，是商品经营者和商品消费者之间的交易纽带，方便人们的购物行为。

商业购物空间是商业类空间的一部分，泛指为人们日常购物活动提供的各种空间、场所，其中最有代表性的为各类商场、商店，它们是商品生产者和消费者之间的桥梁和纽带，同时商场在商家了解消费需求、归纳商品评价、预测市场动向、协调产销关系方面发挥了巨大作用，并使人们的购物行为方便愉快。

第一节 商业购物空间的概念和分类

商业购物空间的构成十分复杂，种类繁多。从各商场的客源来看，各种类型的商场面向不同的消费阶层，各自的目标人群拥有不同职业与不同的购物喜好。从商场的规模来看，有营业面积达几千平方米的休闲广场，也有临街十几平方米的小专卖店。从商店卖场经营的产品来看，从家具到面点小吃，从高档豪华的轿车到小巧便捷的家用电器，应有尽有。

一 、商业购物空间的概念

商业环境艺术设计又称为商业购物空间设计。购物空间是商业空间的一部分，泛指商品经营者为人们日常购物活动提供的各种空间和场所，是满足顾客物质需求、产生市场吸引力的功能性空间。它是商业综合体的核心内容之一，与外部空间联系极为紧密。需要说明的是，本书所研究的“购物空间”指的是广义范围上的包括购物、展示、休闲、文化以及服务等活动在内的营销空间，是整个商业建筑设计的核心。买卖双方（消费者和商品经营者）构成了商业购物环境中的主体要素，缺少一方就没有商业活动。购物环境是为买卖双方围绕商品提供的交易空间，这个空间随着商品的发展、地理位置的不同、时间的变化以及交易形式的不同在不断地改变，以满足双方的需求。

商业购物空间首先是商家为追求商业利润直接为消费者建造和美化的。商业购物空间设计反映在建筑层面上，则要注意选址、规划、布局、空间的组合设计以及外观与形象的设计；在室内环境艺术设计层面上，应对消费主体进行分析、定位，从而进行相应程度的空间美化，从建筑的特点出发，结合商场的类型和商品的特点及环境因素，创造出使消费者流连忘返的、满足精神需求的特色空间。从设备设置层面而言，商业购物空间必须提供清新的空气、适宜的温湿度、足够的光照度，以满足消费者对安全舒适的要求。

二 、商业购物空间的分类

商业购物空间可以分为以下 5 类。

1. 购物中心

在国外，购物中心叫作“Mall”，通常临近高速公路，所以必须拥有足够的停车面积（图 1-1）。

图 1-1 墨西哥某购物中心有开敞的停车空间，其立面由带浅浮雕的三角网格模块构成，形成一个个简化的偏心金字塔形状。当这些模块旋转时，可以相互组合并产生无序的纹理，从而营造出一种丰富多彩、富有变化的外观环境

为了吸引顾客前来购物，购物中心还需具备开阔的休闲区，包括餐饮区、娱乐区等。购物中心中都有多个共享大厅，人们可以在共享大厅里享受充足的阳光和周到的休闲服务，如定期的午间音乐会、频繁的艺术品展示会等。

在购物中心内，售货区大都以店中店的形式出现，众多商家云集于此，纷纷以独特的店面形象展示自己（图 1-2），同时这些店中店与大空间相协调。为了容纳百家，购物中心的建筑设计多采用含蓄的色调和朴素的材质，装饰风格也力求简洁大方，只是在中庭和环廊部分有精彩的装饰表现。

为了营造繁荣的商场气氛，购物中心入口大厅和每层的开敞区域都有大面积的开放式售货区。这些区域一般都经营服装鞋帽等常规货品。由于是开放式售货，相邻售货区之间利用通道或展架分割空间，顶棚照明成了划分空间的关键元素，尤其是反光灯带的空间界定效果显著。

开放区的功能布局需要考虑以下几方面的因素。

（1）宽敞的交通线路。开放区的人流较大，由于临近主入口和公共区域，所以必须留出足够的人流疏散面积。通道一般采用 5~8 人可并排穿行的宽度，以每人 80 cm 的自由宽度为标准，需要 4~6 m 宽的交通线，每个售货区可以用最小宽度为 1 m 的交通尺度灵活划分。

（2）明显的购物导向。集中安排的售货区很容易让顾客迷路，为了方便顾客，应该在入口处设置明显的售货区分布示意图，并且在主通道上和各个售货区内设置导向标牌，也可以通过地面材质的变化引导顾客行进。

（3）充足的光照。一般开放区的顶棚层高 3~5 m。明亮的店面形象很重要，购物中心的大厅正常光照度一般为 500~1 000 Lux。普通照明设备主要有金属格栅灯、节能筒灯、有机灯片、反光灯带等，中庭常用自然采光。除了大厅的普通照明之外，商品的局部照明是突出表现商品的关键，

图 1-2 上海太古汇商业中心某店铺商品琳琅满目

局部照明光照度一般在 1 000 Lux 以上，照明设备以石英射灯、筒灯为主，另外再配以辅助的装饰照明，整个大厅才会显得层次丰富，晶莹透亮。

（4）适量的储藏面积。开放区中的售货区商品种类和数量较多，一定要有足够的仓储面积，以便于货品的补充。储藏区域一般设置在靠墙或柱的位置，在不干扰顾客视线的情况下与展柜有机地结合，并能形成装饰背景。

（5）分区的收款台和打包台。为方便顾客在开放区购物，应该设置多处收款台和打包台。在服装区还应有若干试衣间。

购物中心另一种主要的售货形式是独立封闭的，即店中店。店中店是购物中心中变化最多的单元，往往由不同经营理念的商家租赁下来经营。在服从大的商业购物空间整体风格的前提下，每一家店中店都会竭力体现自己的商业风格。

虽然店中店所经营的商品千变万化，但从功能上都可以做如下分区，即门面、导购区、形象展示区、商品展示区、收银台、打包台、库房仓储区等，服装店还包括更衣室。

由于店中店的经营多以品牌形象出现，所以在店面中门面和形象展示区尤为重要，做得好的店面不仅造型新颖，具有个性，而且能将品牌风格鲜明地呈现出来，如图 1–3 和图 1–4 所示。 商品展示区是店中店的主体，但由于一般店面的面积有限，所以在商品陈列时应将商品分类展示，并选精品陈列，展架的设计应和谐统一，与品牌形象有某些形式上的联系。

因为店中店是相对独立的经营个体，所以必须具备完整的经营流程，办公区、储藏区等都应

图 1-3 天津大悦城商业中心的全棉时代专卖店，装饰简洁的店面和色彩素雅的商品营造了良好的商业氛围，也让顾客享受了观光购物的乐趣

图 1-4 上海南京路商业街入口空间设计，色彩亮丽的买手店给顾客留下深刻印象，让顾客从入口处就产生强烈的购物欲望

该设置，并根据相应的可用面积做合理布局。

2. 超级市场

超级市场简称超市，在 20 世纪 70 年代始于美国，并很快风靡世界。在超市中，计算机管理降低了管理成本，开架自选售货模式让顾客购物更随心所欲。 这种机能的变革使商品的空间布局也相应发生了变化，其功能分区更条理化、科学化。集中式收款台设在入口处，无形中增大了货场的面积。超级市场超越 “一切为人着想” 这一理念，成为家庭主妇、学前儿童、学生、单身青年乐于光顾的场所，如图 1-5 所示。 一般较大型的超市除前场空间外，后场加工设施也占据了相当重要的空间，并与卖场相呼应。各种不同特色的店铺设置于超市外围，使其更具吸引力，从而增加了游乐性。

3. 中小型自选商场

经过多年的商业运转，超级市场得到不断更新，一部分由大规模的商业经营转化成灵活方便的小规模经营，并渗入居住小区和各类生活区里。这种简易的超级市场为人们起居购物提供了极大的方便，并日渐形成了众多连锁经营的自选商店。

（1）生活用品自选商店。生活用品自选商店内备有人们日常生活中常用的食品、饮料、酒类、日用杂品等。这种形式的商店有点类似于过去的杂货店，开店早，收店迟，甚至有 24 小时营业的商店。这种店一般设在生活区内，并逐渐形成全国性的连锁店，如图 1-6 所示。

（2）食品保鲜店。这种商店要为居民提供新鲜的食品（如鱼肉类、鲜奶等）及饮料制品等商品，所以店内的陈设柜大多数是保鲜柜（沿墙壁布置），中心区为标准货架（一般为金属柜架），商品陈列空间利用率高，利于顾客挑选商品。为便于顾客挑选商品，室内平均照度高。这类商店一般为中小店，店内都配有热加工食品，供顾客即买即食，因此一般都设有加工间或厨房。

图 1-5 德国 HF超级市场

图 1-6 天津大悦城商业中心某生活用品连锁店

4. 商业街

商业街就是由众多商店、餐饮店、服务店等按一定结构、规律排列组成的商业繁华街道，是城市商业的缩影和精华，是一种多功能、多业种、多业态的商业集合体，如图 1-7 和图 1-8 所示。商业街一般包括以下部分。

（1）入口空间。入口空间，可供人等候、停留、休息，是传统市区商业街道的转化空间，设计时应考虑街道与广场空间的关系。

（2）街道空间。商业街的主要空间为延续的街道空间。设计人员应考虑店家招牌立面等的统一性和延续性。街道空间同时也是行人的重要空间，不应只附属于商店，商家应考虑与街道空间的互动，共同造就整体街道的风格文化。

（3）商店 。商业街由众多商店组成。

图 1-7 日本东京商业街，透过橱窗可以看到室内丰富的空间

图 1-8 日本东京商业街具有自己独特的风格

（4）附属儿童游戏空间。很多家庭都是全家人一起来购物，所以商业街应该为儿童提供游戏空间，该空间内应有家长座位区与游戏设施区。

（5）展示空间。展示空间的面积不定，形式可以多种多样，可能为电视墙、平面展示区或立体展示空间，营造商业街区的购物气氛，如图 1-9 所示。

图 1-9 日本名古屋地铁枢纽商业街上的动态展示，特制的冰雕吸引了大量消费者的目光

（6）户外空间。设计人员应考虑自然景观和街道的连接及出口空间的营造，设计户外或半户外空间，形成广场绿地、树荫、通道、中庭、观景平台、儿童游戏场等，并设计休息椅供人们停留，如图 1-10 所示。

（7）游客卫生间。图 1-11 所示为具有无障碍设施的卫生间。

（8）附属空间与设施。附属空间与设施具体包括空调机房、货梯、楼梯走道、储藏室、货物进出空间、管道间等，如图 1-12 所示。

图 1-10 天津营口道商业街造型丰富的树池既具有观赏性，又可供游人休息，增进人们的情感沟通

图 1-11 具有无障碍设施的卫生间

图 1-12 天津某商业街建筑的空调机房

5. 专卖店

随着生活节奏的加快，人们购物往往带有很强的针对性，因此，同类商品集中的商业集市也慢慢形成了，如服装一条街、食品一条街、珠宝首饰街等。这些店面往往集中着同类商品的各种品牌，在商业活动中能产生很高的经济效益。

1）家用电器商店

不同的电器商品具有不同的功能，因此，其陈设高度及空间位置应有所不同，可采用地面陈设、高台陈设、壁面陈设、吊挂式陈设等设计手法。

当今的商店设计追求商品的最佳展示效果，专卖店内可开辟出一部分空间来设置电视墙，利用更具魅力的视觉图像来展示商品以吸引顾客。音响陈设需设计奇特的环境作为背景，使人有身临其境的感受。又如轻巧精致的袖珍商品应陈设在透明的玻璃柜内，使人感受到商品的精美及价值，从而产生一种占有欲。这些都是陈列艺术的作用。

无论是开架式陈列，还是柜台售货式陈列，商品陈列柜架的尺度都应符合人的基本视觉习惯要求。

在商店中创造了具有亲切感的空间尺度后，再配以适度的照明及色彩装饰，更能增强商业气氛，如图 1-13 所示。现代家用电器向系列化、系统化、高级化方向发展，店主及售货员对系列化产品的使用应具备一般常识，但如何更好地陈列这些商品则是设计师的重要工作内容之一。

图 1-13 天津大悦城商业中心电器专柜，开架式陈列配合深沉的背景，很好地凸显了商品的视觉效果

2）妇女、儿童时装商店

妇女、儿童时装商店具有很强的消费阶层特性，而且时装又是一种艺术感染力非常强的商品，具有强烈的时代性与流行性，因此，时装店的室内设计应强调现代感及特色风格，也需要有很强的艺术烘托力、识别性和强烈的时代性，如图 1-14 和图 1-15 所示。特色时装店不同于其他的专业商店，应具有很强的整体形象感，才能衬托出时装自身美的效果。店铺室内应变成最佳的时装陈列环境背景，使人感觉置身于艺术的气氛中而兴奋不已。

3）鞋店

鞋店的展品尺寸较小，且品种繁多，在展区设计上应注意分区分组陈设，注重流线安排。如天津大悦城商业中心运动鞋专卖店（图 1-16）丰富的展示形式及合理的动线让整个空间繁而不乱。

4）首饰店

首饰店的室内设计重在贵重商品的陈设与展示，首饰物小价昂，如何展示陈列，需要下一番功夫。 因为商品贵重，所以商品的陈列柜除具备陈设展示功能外，还应具备收纳及防盗功能。陈列柜的展示与陈列尺度也需满足顾客易于观看的视觉要求。

照明设计应考虑照明器具的尺度与商品相协调，如使用石英吸顶牛眼灯、石英轨道射灯等。在装修材料方面应选择高档耐用的材料， 如图 1-17 和图 1-18 所示。

图 1-14 天津大悦城商业中心内时装店（一）

图 1-15 天津大悦城商业中心内时装店（二）

图 1-16 天津大悦城商业中心运动鞋专卖店

图 1-17 天津大悦城商业中心首饰店，整个展示柜功能齐备

图 1-18 天津大悦城商业中心 DR专卖店，整个店面的设计都在强调品牌高贵的形象

5）品牌商品专卖店

专卖店的另一种形式是同一品牌的商店。在经营系列商品的同时，商家更注重树立品牌形象和针对消费群体的定位宣传。同一品牌的商品往往成系列销售，如品牌服装店还会有与服饰有关的鞋帽、饰物等商品，所以展架的设计与摆放要有一定的分区，进行错落布置。通常店内都会有一个主体的形象展示面，作为品牌宣传的重点。

在商业环境中，最主要的是买与卖，能否使顾客与商品建立最直接的联系是商品销售成败的关键，所以选择商品展示方案是极其重要的。通过前面所列举的不同商业形式可以看到，不论店内商品怎样分类，都应处理好人与商品的关系。

第二节 商店卖场的概念

随着中国经济持续高速发展与高收入人群的增长、互联网推动的全球商业和文化的交融渗透，商品零售市场的细分、相关联的商店形式和种类以及人们购物消费的模式都已经发生了深刻变化。

商店卖场的设计是商店筹建与商店经营管理范畴中至关重要的环节，商店卖场从功能到氛围都应与商店经营的产品相匹配。商店卖场设计不仅应在功能上满足商店的要求，方便顾客在享受购物的同时也能感受整个商店空间环境带来的舒适与惬意，同时也应利于商店卖场的现场销售。

商店卖场的概念常用于零售业，是指商店的营业场所，是顾客购买商品、零售商销售商品的空间或场所。与商场不同的是，商场有时也有商店之意，而卖场则是商店的一部分，是陈列商品和交易的场所，即产生“买卖”的场所。卖场可以建筑物为界，包括店铺内部环境及外部环境。店铺外部环境主要包括店铺的外观造型、店面、橱窗、店头广告招牌以及店铺四周的绿化等。店铺内部环境是指店铺内部空间的布局及装饰，主要包括商品的陈列或展示、货架柜台的陈设组合、POP 广告（购买点广告）设置、娱乐服务设施以及店堂的美化装饰等。

随着商店卖场不断走向成熟，卖场的种类、数量、规模不断增加，竞争日益激烈。为了更好地适应环境、满足顾客的需求，营造宜人的商店卖场是经营者占领目标市场的重要手段。商店卖场的设计要考虑以下几个方面。

1. 卖场选址

城市的商业中心一般位于城市几何中心处、街角路口处、交通干线的交会处，交通便利，靠近最大消费人群，便于人们出行购物。其参照物主要有大中型超市、购物中心、大卖场、专卖店、银行等。凡上述类型的设施集中的地段均可作为考虑建设商店卖场的备选点。卖场所在地应有交通便利性，公交车、小汽车、摩托车、自行车等交通工具来往畅通，使顾客方便到达店址。

卖场选址是卖场设计的第一步，同样也是决定商场能否经营成功的首要条件。两个同规模、同档次的商场，即使营业内容、服务水平、管理水平、促销手段等方面大致相同，但仅仅由于所处的地点不同，经营效益就有可能大不相同。连锁商场由于卖场选址的差异，其经营效益往往差异很大，这也证实了卖场选址对商场经营的重要性。如瑞士苏黎世商业街就位于城市商业中心，交通便利，配套设施齐全，如图 1-19 所示。

图 1-19 瑞士苏黎世商业街位于城市商业中心，交通便利，配套设施齐全

2. 卖场形象

商店卖场的形象是影响企业形象的重要因素之一，是商场企业的第一商品，主要由卖场的外观形象及店内形象构成。在现代社会中，企业出于竞争的需要越来越重视形象的设计，从而导入企业形象识别系统（Corporate Identity System，CIS）系统。其中视觉识别（Visual Identity，VI）是指根据企业具体化、视觉化的表达形式对企业进行识别。在 CIS 系统中，VI 是脸面，是最直观、最容易被公众接受的部分，也是最富有创意的部分。

商店卖场建筑、商店卖场标志、店名等带给公众具体化、视觉化的外观形象，也是公众对卖场最初的视觉接触点。市场学专家第 · 雅吉（D.Jaggi）说：“外观是人们对一件事的印象。”商店卖场的形象在一定程度上体现了该卖场的风貌，是顾客对商店卖场整体形象认知的主要构成部分。良好的卖场形象是企业潜在的资产，是产品销售的先驱。如果说商店卖场的外观形象构成公众对购物形象的第一外观感觉，那么商店卖场的店内氛围则更容易让顾客感受到卖场的经营理念及对顾客的尊重程度。

商店卖场的外观形象包括商店卖场的建筑外形、尺度、线条、色彩等，如门窗装饰、招牌、人物造型、广告牌、霓虹灯、招贴画等，这些都是构成商店卖场外观形象的基本要素。商店卖场的外观形象往往决定了顾客对卖场的第一印象。制作精美的外观装饰是美化营业场所、装饰店铺、吸引顾客的重要手段，如图 1-20 所示。

图 1-20 天津大悦城商业中心，全棉时代店面的外延设计结合棉花主题，让人一目了然

卖场是营造文化与企业经营特色的重要载体。现代商场在经营时不仅需要提供特色的商品，还要为顾客提供满意的服务及优美的购物环境，并使顾客感受到不同的商业文化。从商场企业在市场上运作的角度来说，第一个层次的竞争是价格竞争，这是最低层次也是最普遍的竞争方式，之后进一步上升到质量竞争，最高层次的竞争则是个性与文化的竞争。商店卖场的室内装饰与布置同样也可富有文化内涵。现代商场已经不仅仅是人们购物的场所，更是集社交、休闲、娱乐等功能于一体的多元化场所。消费者在商场进行消费，本质上也是购买文化、消费文化及享受文化，商场企业也是生产文化、经营文化和销售文化的企业。在 21 世纪，企业对文化内涵的注重将成为竞争的起点，起点高则发展空间大。随着经济的发展、顾客的逐渐成熟及消费观念的不断变化，商场企业更应注重个性与文化的张扬和发展，满足顾客的个性化需求。

3. 商店卖场的销售作用

卖场之所以称为卖场，在于它是商品销售的场所，是商场企业赢利的重要阵地。因此，除为顾客提供舒适的环境外，创造良好的销售氛围、促进顾客消费及追加消费，是商店卖场设计的另一重要目的。

众所周知，商场产品的销售及顾客消费是同时发生的，也是同地发生的，因此，商店卖场的销售氛围会影响顾客的购买行为，例如是否购买、购买的数量及购买金额的多少等。如果商店卖场注重营造销售氛围，合理设计及布置各类卖场广告，增加产品信息的可及性，设计各类促销活动，使现场充满感染力，将促进顾客的即兴消费及追加消费，从而增加销售额。

1）卖场广告的促销作用

卖场的各类橱窗、招牌、招贴、布景、特色推荐等无疑对产品销售有着巨大作用。卖场广告是一个庞大的“家族”，各“成员”组成一支强大的“推销员”队伍。卖场广告以多种形式具体生动地向顾客宣传、展示商店及主打产品、新产品、特色产品等，引导顾客进行购买，如图 1-21 所示。

图 1-21 卖场的橱窗展示也起到了至关重要的作用，吸引顾客驻足，激发购物兴趣

2）卖场人员的促销作用

商店卖场服务人员的销售技巧对于商店产品的销售至关重要，是营造商店卖场良好销售氛围的重要因素。这里所指的商店卖场服务人员不仅包括售货员工，也包括其他在现场与顾客接触的卖场工作人员，如保安员、服务员、收银员等。商店的每一位员工都是“推销员”，他们的形象、服务态度及服务技巧都是对商品进行有利推销的重要因素。服务员的个人仪表是否整洁大方，举止言谈是否得体，会极大地影响整个卖场产品的销售情况。

3）卖场活动的促销作用

在商店卖场现场举办各种各样的促销活动不仅能起到宣传作用，还能吸引大家参与，既可增添商店卖场的活跃气氛，又能有效地促进商品销售，例如特殊活动推销、展示推销、赠品推销以及针对某顾客群的活动推销等，只要策划得当，这些活动往往能产生良好的效果。

显而易见，一家不重视设计的商店卖场与另一家经过精心构思设计的商店卖场相比，经营成果是大相径庭的。好的卖场设计不仅取决于投资的多少，设计构思也是关键的因素。材料、样式、色彩布局，每一个环节都反映了设计者的构思，巧妙的选择与合理的配置使低投资与高效益成为现实，如图 1-22 和图 1-23 所示。同时，注重现场销售的商店

图 1-22 天津大悦城商业中心入口设计利用干花和镜面搭配出具有艺术气息的景观小品，营造出浪漫、甜蜜的购物氛围，利于商品的售卖

图 1-23 天津大悦城商业中心利用卡通形象营造出童话王国般的氛围

卖场会积极营造有效的销售氛围，利于产品的现场消费、即兴消费及追加消费。同样，主题突出、富有特色的卖场设计会给顾客留下深刻的印象，顾客是商店最好的宣传者，他们的交口称赞会给商店卖场赢得良好声誉，有助于商店卖场的销售。

第三节 课后思考与作业

1. 问题与思考

（1）商业购物空间的构成十分复杂，种类繁多，按各商场的客源分类，购物场所主要包括哪几个类别？它们的空间特点各是什么？

（2）大型购物空间的开放区功能布局需要考虑哪几方面的因素？

（3）店中店所经营的内容千变万化，但从功能上分析，大致可以做哪几个分区？

2. 作业

根据某城市现有商场进行市场分析，分析其目标市场定位和设计上的优缺点，写出 1 000 字以上的现状报告。

第二章
商业购物空间的设计理念和内容

由于商店卖场本身经营与管理以及商场产品的特性，商店卖场的设计必须依据一定的原则与理念，成功的设计源自正确的指导思想与设计原则。同时，这些特性也决定了商店卖场的设计包罗万象，内容繁多，并且关系到多种关联学科。

第一节 商业购物空间的设计理念

“以消费者为中心，为消费者服务”是零售商业企业经营管理的核心。因此，设计师在进行零售企业的购物空间设计时应研究消费者的心理特点，为消费者提供最舒适的环境条件和最便利的服务设施，使消费者乐意到商店，并能够舒畅、方便地选购商品，如图 2-1 所示。而要达到这一要求，就必须研究商业购物空间设计与消费者心理的关系，并掌握其规律，使商业购物空间设计适应消费者的心理特点，从而提高商品的销售量，既满足消费者的需求，又使企业获得较好的经济效益。

一、顾客导向性设计

商业购物空间设计与消费者心理有着密切联系。人的心理现象多种多样，但归纳起来可分为两类，一是心理过程，即认识、感情和意志；二是个性心理，即个性的心理倾向性及个性的心理特征。每个人在任何时候所产生的心理活动都是这两类心理现象的反映，是其相互联系、相互作用的结果。

卖场是为顾客服务的，这是经营商店卖场遵循的首要原则。经营成功的商店卖场是那些从顾

图 2-1 上海新世界大丸百货商场内部设计具有强烈的生活气息，给顾客一种亲切感

客需要和喜好出发，依据 “为顾客而设置” 的原则拟订计划并加以实施的商店卖场。而那些无视顾客需求，只根据经营者或设计者个人的喜好设置的卖场则会走向失败。以顾客为导向尤其应该真正了解顾客的需求，从根本上给顾客以关怀。比如一些商店卖场一味追求豪华材料的堆砌以强调高档，而忽视了生态环境的需要，这些商店卖场走进了高档的误区，认为只有强调卖场的金碧辉煌、豪华气派，才能吸引顾客，才能带给顾客高档的享受，却没有注意到顾客真正的需要，没有认识到为顾客创造一个好的生态环境，这是不正确的。

二、消费者浏览商店的特点及消费心理

售货现场的布置与设计应以方便消费者参观与选购商品、便于展示和出售商品为前提。售货现场由若干不同商品种类的柜组组成。售货现场的布置和设计就是要合理摆布各类商品柜组在卖场内的位置，这是设计售货现场的一项重要工作。零售企业的管理者应将售货现场的布置与设计当作创造销售（而不仅仅是实施销售）的手段来运用。

对消费者购买行为进行研究，关键是弄清以下一系列问题。

（1）谁参与购买活动（Who）?

（2）他们购买什么商品（What）?

（3）他们为什么要购买（Why）?

（4）他们在什么时候购买（When）?

（5）他们在什么地方购买（Where）?

（6）他们准备购买多少（How many）?

（7）他们将如何购买（How）?

这些决策的做出是消费者在外部刺激下产生的心理活动的结果，我们将这种外部刺激被消费者接收后，经过一定的心理过程，产生的看得见的行为反应称为消费者购买行为模式。

消费行为本身的基本功能是满足生活“需求”（Need），这类似于建筑的基本功能是“庇护”，心理反应简单直接，譬如鞋子穿坏了就要去买一双。这构成了购买行为和心理活动的“金字塔模型”的基础。

金字塔的腰部是“渴求”（Want）。顾客行为和心理活动的过程是：非常希望拥有某一件商品，但它并不是生活必需的，经过一段渴望的时间，攒够了购买这件商品的钱，去商店把它买下来，接下来是持续一段时间的满足感。如一个工厂的工人辛勤工作一年积攒下一笔钱，然后用这笔钱买了一块欧米茄手表，实际上一块便宜的电子表足以精确地计时，但重要的是他的购买让他感到自己的生活水平得到了提升。如图 2-2 所示的名表专卖店会吸引很多人的目光，这些人会成为潜在的消费者。

“塔尖”的购买行为和心理是最复杂的，属于典型的“购买行为的异化”。在这类购买行为中，享受、娱乐和“刺激”等心理活动是主体，购买行为是客体。譬如一个人在给女朋友一次购买 10 双不同颜色的名牌鞋子或 999 朵玫瑰时，对他来讲这是一种刺激和享受，商品不仅变成了“异化”的客体，爱情本身也随着这种心理活动成为附属存在。

1. 商店卖场应研究消费意识的影响

消费意识受刺激物的影响才可能产生，而刺激物的影响又总带有一定的整体性，因此消费者的消费意识具有整体性特点，并影响购买行为。为此，售货现场的布局就要适应消费意识整体性这一特点，将具有连带性消费的商品种类布置在一起，相互衔接，给消费者提供选择与购买商品的便利条件，从而利于商品销售，如图 2-3 所示。

图 2-2 瑞士苏黎世购物街 KURZ名表店会吸引游客驻足，他们是潜在的消费者

图 2-3 日本大阪商业区，店铺周边连带性地布置了其他产品，种类邻近设置，提供给消费者便利的选择条件

2. 商店卖场应研究消费者的无意识行为

消费者的注意可分为有意注意与无意注意两类。无意注意是指消费者没有目标或目的，在市场上因受到外在刺激物的影响而不由自主地对某些商品产生的注意。这种注意不需要人付出意志的努力，对刺激消费者购买行为有很大的意义。如果在对售货现场进行布局时考虑到这一特点，有意识地将有关的商品柜组，如妇女用品柜与儿童用品柜、儿童玩具柜邻近设置，向消费者发出暗示，引起消费者的无意注意，刺激其产生购买冲动，诱导其购买动机，会获得较好的效果，如图 2-4 所示。

3. 商店卖场应考虑商品特点，方便消费者购买

对于销售率高、选择性不强的商品，其柜组应被设在消费者最容易感知的位置，以便于他们购买，节省购买时间，如图 2-5 所示。对于花色品种复杂、需要仔细挑选的商品及贵重商品，卖场要针对消费者求实购买心理，将其柜组设在售货现场的深处或楼房建筑的上层，以利于消费者在较为安静、顾客流量较小的环境中认真仔细地挑选。卖场应该考虑在一定时期内变动柜组的摆

布位置或货架上商品的陈列位置，使消费者在重新寻找所需商品时，受到其他商品的吸引。

图 2-4　上海星巴克工坊琳琅满目的纪念品增加了顾客二次消费的欲望

4. 商店卖场应考虑延长消费者参观、浏览商店的时间

人们进入商店卖场购物，最终购买的东西总是比预计买的东西多，这主要是受售货现场设计与货品刻意摆放的影响。售货现场常常设计有长长的购物通道，可避免消费者从捷径通往收款处和出口。消费者在走走看看时，便可能看到一些能够引起购买欲望的商品，从而增加购买行为。又如，体积较大的商品放在卖场入口处附近，这样消费者会用商场备有的手推车在行进中不断地选择并增加购买商品。商店卖场购物通道的这一设计思路可以为其他业态所借鉴，尽可能地延长消费者在售货现场的“滞留”时间。售货现场的通道设计要考虑方便消费者行走以及参观、浏览、选购商品，同时特别要考虑为消费者之间传递信息、相互影响创造条件。

图 2-5　天津大悦城商业中心的女鞋展卖区柜组设在了消费者最容易感知的入口位置

进入商店卖场的人群大体可分为三类，即有明确购买动机的顾客、无明确购买动机的顾客和无购买动机的顾客。无明确购买动机的顾客在进入商店卖场之前，并无具体购买计划；而无购买动机的顾客则根本没打算购买任何商品。他们在进入商店卖场参观浏览之后，或是看到许多人都在购买某种商品，或是看见了自己早已想购买而一时没碰到的某种商品，或是看到某些自己有特殊感情的商品，或是看到与其知识经验有关的某一新产品等，从而才产生需求欲望与购买动机。引起这两类顾客的购买欲望是零售企业营销管理的重要内容之一，

而这种欲望、动机的产生是消费者们在商店卖场进进出出、在通道之间穿行时相互影响的结果。因此，在售货现场的通道设计方面，要注意柜台之间形成的通道应有一定的宽度。中央通道要宽敞些，使消费者乐于进出商店卖场，并能够顺利地参观浏览商品，为消费者彼此之间无意识的信息传递创造条件，从而引起消费者的购买欲望，使其产生购买动机，同时也为消费者选购商品创造较为舒适的购物环境。

三、购物卖场的设计原则

1. 适应性

购物空间设计是商店卖场经营的基础环节，包括店址确定、环境设计、平面设计、空间设计、造型设计及室内陈设设计等。所有的设计都必须以商店卖场需要满足的功能为依据，以商店卖场的经营理念为出发点。脱离商店卖场经营理念与宗旨的购物空间设计是不成功的设计。不同等级及规模和不同经营内容及理念的商店卖场购物空间设计的重点与原则也各有不同。购物空间设计还应考虑投入与产出之间的关系，即装饰用材应符合商店卖场的经营档次及规格。卖场装饰布置的最终目的是获得最大范围的顾客青睐及扩大销售量，增加收入。所以，如果盲目追求用材的高档化、贵族化，有可能因缺乏亲和力而使顾客感到疏远。好的效果不是靠高档材料堆砌而成的，而是在于巧妙的设计构思及创意，如图 2-6 所示。

2. 文化性

随着经济的发展、社会文化水平的普遍提高，人们对商场消费的文化性的要求也逐步提高。世界商业的发展趋势使产品的文化内涵不断升值，商业企业通过文化氛围的营造与文化附加值的

图 2-6 上海太古汇星巴克旗舰店，顾客可以直观地看到咖啡的制作和传输过程，这使顾客产生与众不同的感受

追加吸引顾客。商店卖场的文化风格设计应与自身的市场定位相匹配，与商场企业的企业文化相呼应。无论是商店卖场的建筑外形、卖场空间分隔、色彩设计、照明设计，还是陈设品的选用都应充分展现具有特色的文化氛围，帮助商场企业树立品牌形象，如图 2-7 所示。

图 2-7　上海思南书局诗歌店，其内部结构表现了商店的主题，使消费者一目了然

3. 个性化

商业购物空间设计的特色与个性化是商店卖场取胜的重要因素，如图 2-8 所示。购物空间设计与运营脱节、主题性缺乏，使一些商店卖场显得比较平庸，它们因过分地趋于一致化或追求某些时兴而缺乏个性和特色。缺乏风格、特色和文化内涵的商店卖场也就缺少了营销的“卖点”和“热点”。有些商店卖场盲目地堆砌高档装修材料，忽视个性风格和文化特征的塑造，这是购物空间设计的大忌，对整个商店卖场的发展也是不利的。日本是世界上年人均消费最高的国家之一，其商店卖场非常注重体现特色与个性，刻意营造特有的风格和氛围，这也是日本人生财的要诀。

图 2-8　坐落在上海中心大厦的朵云书院，在内部装饰有很多云朵的造型，别具一格

4. 以满足人的功能需求为核心

（1）“以人为本，物为人用”是室内设计的社会功能基石。设计者首先要满足人们的心理、生理等方面的需求，确保人的安全和身心健康，从多项局部考虑以人为本的精神实质，综合解决使用功能、经济效益、舒适美观、环境氛围等问题，如图 2-9 所示。现代商业购物空间设计要特别注重人体工程学、环境心理学、审美心理学、地域文脉等方面的研究，设计人员要科学地、深入地了解人们的生理特点、行为心理和视觉感受等方面对室内环境的要求。

（2）根据不同对象，相应地考虑不同的需求，如幼儿、残疾人、老年人等需要无障碍设施等。

（3）空间的组织、色彩、照明等方面要注重环境气氛的烘托，更要注重人的行为心理及视觉感受要求。

图 2-9 上海新世界大丸百货商场，内部空间设计简约而实用

现代商业购物空间设计的立意、构思、风格、环境气氛的创造须着眼于整体环境、文化特征及功能特点等进行多方面考虑。建筑的内、外应是相辅相成的关系，设计师应对整体环境进行充分的了解和分析，如图 2-10 所示。

5. 科学性与艺术性的结合

现代商业空间设计应高度重视科学性和艺术性。设计人员必须充分重视并积极运用当代科学技术成果，包括新型材料、结构构成和施工工艺，良好的声、光、热环境的设备设施，以及表现手段、设计方法等，认真地分析和确定室内物理环境和心理环境的优劣；同时要重视艺术性，以建筑美学原理使现代建筑和室内设计中的高科技（科学性）和高情感（艺术性）、游客的生理要求与心理要求、物质因

图 2-10 日本大阪的中心商业街，现代的建筑风格、细致的照明设计、超大的中庭设计让整条街虽在室内，但却营造出室外效果

素与精神因素达到平衡和综合，如图 2-11 所示。

6. 时代感和历史文脉并重

室内设计采用当代的物质和手段，体现时代的价值观和审美观，同时应具有历史延续性，追踪时代和尊重历史，因地制宜，结合地方风格和民族特点，如图 2-12 所示。

图 2-11 天津大悦城购物中心个性化的钢铁装置艺术诠释了科幻概念，又增强了环境的艺术性

图 2-12 瑞士苏黎世西区的现代时尚购物中心，其建筑设计采用 20世纪 70年代建筑的原始工厂风格，具有民族特点和历史文化延续性

四、流动空间的设计原则

购物空间还应具有流动性，即在卖场中运用运动的物体或形象，不断改变静止的空间，形成动感景象。流动性设计能打破卖场内拘谨呆板的静态格局，增强卖场的活力，活跃卖场气氛，激发顾客的购买欲望及行为。商店卖场的动态设计可以体现在多个方面，例如美妙的喷泉、顾客在卖场中的流动、不断播送各类商品信息的电子显示屏以及旋律优美的背景音乐等。

流动空间的设计还应注意卖场形象的具体表现。商店卖场经营者根据自身的经营范围和品种、经营特色、建筑结构、环境条件、顾客消费心理、管理模式等因素确定企业的理念信条或经营主题，并以此为出发点进行相应的购物空间设计，一般通过导入企业形象策略来实现意境设计，例如按企业视觉识别系统中的标识、字体、色彩而设计的图画、短语、广告等均属意境设计，如图 2-13 所示。

图 2-13 上海淮海中路的无印良品旗舰店，运用大量自然材料给人带来亲和感，充分体现企业文化

五、商业购物空间的设计风格

风格流派的丰富性给予近现代的商业卖场以开阔的表现空间，为人们营造出更加舒适、轻松的购物及活动空间。

1. 传统风格

按传统风格设计的商店卖场在室内布置、色调以及家具、陈设等方面吸收了传统装饰“形”“神”的特征，例如吸取我国传统木构架建筑室内的藻井天棚、挂落、雀替的构成和装饰，明、清家具的造型和款式特征，有的吸收西方传统风格中的仿罗马风格、哥特式风格、文艺复兴式风格、巴洛克风格、洛可可风格、古典主义风格等。此外，有的空间设计还吸收日本传统风格、印度传统风格、伊斯兰传统风格、北非城堡风格等。传统风格常给人们以独特的历史和地域文脉的感受，它使室内环境突出了不同民族和文化的形象特征，如图 2-14 所示。

图 2-14 北京国子监家具店设计保留了传统北京胡同建筑的木结构梁柱，并加建了阁楼。入口的庭院作为整个空间布局的中心，其他功能区围其成“回”字形布局，与传统四合院布局方式相同

2. 现代风格

包豪斯学派起源于 1919 年，该学派强调突破旧传统，创造新建筑，重视功能和空间组织，注意发挥结构构成本身的形式美，造型简洁，反对多余装饰，崇尚合理的构成工艺，尊重材料的性能，讲究材料自身的质地和色彩的配置效果，发展了非传统的以功能布局为依据的不对称的构图手法。包豪斯学派重视实际的工艺操作，强调设计与工业生产的联系，如图 2-15 所示。

图2-15 上海思南公馆的内部空间设计，时尚元素经过重构，以大面积整列的形式出现，很好地呼应了店内商品的特色，给人的视觉一种刺激感

3. 后现代风格

“后现代主义”一词最早出现在西班牙作家德·奥尼斯于 1934 年出版的《西班牙与西班牙语类诗选》一书中。后现代风格强调建筑及室内装潢应具有历史延续性，但又不拘泥于传统的逻辑思维方式，探索创新造型手法，讲究人情味，常在室内设置夸张、变形的柱和断裂的拱券，或把古典构件的抽象形式以新的手法组合在一起（图 2-16），即采用非传统的混合、叠加、错位、裂变等手法和象征、隐喻等手段。后现代风格的代表人物有 P. 约翰逊、R. 文丘里、M. 格雷夫斯等 。

图 2-16 英国维多利亚门（Victoria Gate）拱廊街——一座现代化的购物商城，其设计参照了维多利亚时期建筑的关键元素，建筑的外立面、屋顶以及室内空间共同构成了整体化且高质量的购物环境，在提供一系列城市空间的同时，也是旧建筑风格与新技术相结合的范例

4. 自然风格

自古以来，人类就一直不断地造物，为生存、为生活创造着人工化的第二自然。人们在利用自然的同时也在改造自然，建造着另一个不同的“自然界”——人工自然。在这种第二自然中，现代人们的生活已经开始了背叛。自然风格就是人类最自豪的向人工自然挑战的宣言书。自然风格倡导回归自然，推崇真实美、自然美，认为在高科技不断发展的今天，人们只有在温柔的自然当中，身体和心理才会趋于平和、安定，如院中有池，池中有喷泉，墙上爬有一株常青藤，人们在品茗之时，倾听流水的潺潺之音，感受宁静与安详的氛围。

自然风格赋予商店卖场以自然的生命。商店卖场经常应用天然的木料、石材等进行装饰。自然的纹理和清新淡雅的气质深受顾客青睐。有的商店卖场采用了自然、田园的艺术形式，力求设计在表现优雅、舒适的田园情趣的同时，创造出自然、简朴、高雅的生活氛围，如图 2-17 所示。

图 2-17 天津大悦城，此处垂直和水平方向贯通，形成自然通风，良好的通风和精心设置的花园，让这里成为一个充满活力的城市空间，随时欢迎人们来此放松身心

5. 综合型风格

综合型风格在装潢与陈设上融古今中外于一体，例如将中国传统的屏风、摆设和茶几与具有现代风格的墙面及门窗装修、新型的沙发相结合；将欧式古典的玻璃灯具和壁面装饰与东方传统的家具和埃及的陈设、小品等相结合。

综合型风格虽然在设计中不拘一格，运用多种形式，但设计人员仍需匠心独具，深入推敲形体、色彩、材质等方面的总体构图和视觉效果。综合型设计使室内空间在具有时代性的同时，也会具有传统艺术魅力的痕迹，从而将不同表现力的设计元素结合得自然和谐、天衣无缝，创造出别具匠心、新颖舒适的室内外空间环境，如图 2-18 和图 2-19 所示。

6. 其他风格

当然，在历史的发展中，伴随着文化、艺术及设计观念的不断变化，各种流派层出不穷。如新地方主义派强调地方特色或民俗风格；新古典主义派注重运用传统美学法则来使现代材料与建筑造型相结合，使室内空间产生规整、典雅、高贵的环境；孟菲斯派则以打破常规的特点而风靡一时；在东方情调派中，“天人合一”、朴素、古雅的中国风、东方情也在设计中占有一席之地。流派的表现形式众多，在此不再一一详述。

图 2-18 上海陆家嘴地铁站内部设计，将多空间系统应用于整个设计中，根据船在河道中的流动韵律以及功能的需要进行空间设施的设置，在保证商业流线的前提下使整体建筑及场景的设计有机统一

图 2-19 深圳深业上城商业中心，色彩分明，设计风格张扬前卫，十分引人注目

第二节 商业购物空间的设计内容

商业购物空间由于其本身的特性与经营内容的复杂性，空间设计的内容较为繁杂，所关联的学科也比较广泛。

一、现代购物空间的设计内容

商业购物空间设计涉及的范围很广，包括商店卖场选址、商店卖场室内外设计、陈设和装饰等许多方面。

1. 购物空间设计的基本内容

商业购物空间设计的基本内容可以从两个角度划分为商店卖场外部购物空间设计及商店卖场内部购物空间设计，具体包括以下内容。

1）商店卖场外部购物空间设计

（1）商店卖场选址；

（2）商店卖场外观造型设计；

（3）商店卖场标识设计；

（4）商店卖场门面设计；

（5）商店卖场橱窗设计；

（6）室外绿化布置。

2）商店卖场内部购物空间设计

（1）空间布局设计；

（2）动线设计；

（3）主体色彩设计；

（4）照明的确定和灯具的选择；

（5）休息区设施的配备、选择和摆放；

（6）地毯及其他装饰织物的选择及铺放；

（7）室内观赏品、绿化饰品的陈设；

（8）服务流程与服务方式设计；

（9）员工形象及服饰设计；

（10）促销用品设计；

（11）商场促销活动设计等。

2. 购物空间设计的应变内容

除了以上的基本内容以外，购物空间设计还有一个重要的环节，就是为商场在特定时间或特殊活动发生时进行相应的购物空间设计，如图 2-20 所示，常见内容如下。

（1）促销购物空间设计；

（2）传统节日购物空间设计；

（3）店庆购物空间设计；

（4）主题活动购物空间设计等。

二、现代购物空间的关联学科

进行购物空间设计必须具备许多方面的知识，具体如下。

（1）商场专业类知识。设计人员需要了解商场企业经营、管理、服务方面的专业知识以及顾客的消费心理等方面的知识。

（2）装饰美学类知识。设计人员需要了解实用美学、空间、色彩等方面的知识，以及它们在人们生活中的地位和作用；家具的不同功能和风格；照度和灯具风格、织物的性能和装饰效果；室内观赏品、艺术品的有关知识，包括其所包含的文化、历史、艺术、宗教意义等；绿化的作用、形式与装饰效果等，如图 2-21 和图 2-22 所示。

（3）其他相关学科。设计人员需要掌握例如环境学、心理学、行为科学、人类工程学、民俗学等一系列学科，这些学科都对购物空间设计有相应的指导作用。

图 2-20 日本京都优衣库专卖店的模特布置

图 2-21 上海哥伦比亚乡村俱乐部，在经过精心设计和重新规划以后，保留了原有的那个“英制”露天游泳池，又融入和新增了许多时尚的元素，是中式和西式建筑和理念的完美融合

图 2-22 天津滨海新区 K11购物中心，风格张扬前卫，十分引人注目

第三节 课后思考与作业

1. 问题与思考

（1）商业购物空间风格流派的丰富性使近现代的商业卖场营造出舒适、轻松的购物及活动空间，主要设计风格包括哪几种？

（2）商店卖场的设计原则有哪些？

2. 作业

手绘出 3 种不同风格的购物共享空间，图幅为 A3 纸大小，风格不限。

第三章
商业购物空间的室内设计

在大自然中，空间可以通过运用物质手段来限定，以满足人们的各种需求。商店卖场空间是商业购物空间环境的主体。人们进入商店卖场中就会感受到空间的存在，这种感受来自周围的天棚、地面与墙面所构成的三维空间。

商店卖场室内界面是指围合成卖场空间的地面、墙面和顶面。室内界面的设计既有功能技术要求，也有造型美观要求；既有界面的线性和色彩选择问题，也有界面材质选用和构造问题。因此，设计师进行界面设计，在考虑造型、色彩等艺术效果的同时，还需要与房屋室内的设施、设备等进行协调，这决定着卖场空间的容量和形态，既能使卖场空间丰富多彩、层次分明，又能赋予卖场空间以特性，同时有助于加强商店卖场空间的完整性。

第一节 商业购物空间设计的基本理论

人们对商业购物空间环境气氛的感受通常是综合的、整体的。卖场空间由于墙体的不同围合形式便产生不同的空间形态，而不同的空间形态会使人产生不同的购物心理。总之，商业购物空间不同的处理手法和设计的最终目的是营造一个舒适的购物环境。

一、空间类型

1. 开敞空间与封闭空间

开敞空间和封闭空间是相对而言的。空间的开敞程度取决于有无侧界面、侧界面的围合程度、开洞的大小以及启用的控制能力等。开敞空间和封闭空间也有程度上的区别，如介于两者之间的半开敞空间和半封闭空间。这取决于房间的使用性质和房间与周围环境的关系，以及顾客视觉上和心理上的需要。

1）开敞空间

开敞空间是外向型的，限定性和私密性较小，强调与空间环境的交流、渗透，讲究对景、借景；与大自然或周围空间融合。其可提供更多的室内外景观，扩大顾客视野。开敞空间灵活性较大，便于经常改变室内布置，如图 3-1 所示。

2）封闭空间

封闭空间用限定性较强的围护实体包围起来，在视觉、听觉等方面具有很强的隔离性，营造出领域感、安全感和私密感，如图 3-2 所示。

2. 动态空间与静态空间

1）动态空间

动态空间称为流动空间，具有空间的开敞性和视觉的导向性，界面组织具有连续性和节奏性，空间构成形式富有多样性，引导人们的视线从一点转向另一点，从“动”的角度观察周围事物，将人们带到空间和时间相结合的“第四空间”。动态空间连续贯通，引导视线流动，空间的运动感体现在塑造空间形象的运动性上，更体现在组织空间的节奏性上，如图 3-3 所示。动态空间的特点如下。

图 3-1 北京 SKP-S商场内品牌专卖店的开敞设计，设计特点开朗、活跃，起到扩大消费者视野的作用

图 3-2 北京 SKP-S商场内的餐饮空间采用封闭式卖场设计，增加了私密性

（1）利用机械、电器、自动化设施、人的活动等形成动势。

（2）组织出引人流动的空间序列，方向性较明确。

（3）空间组织灵活，人的活动线路为多向。

2）静态空间

静态空间一般来说相对稳定，常采用对称式和垂直水平界面的处理方式，空间比较封闭，构成比较单一，视觉多被引到一个方位或一个点上，空间较为清晰、明确，如图 3-4 所示。静态空

图 3-3 上海无印良品淮海中路旗舰店的中庭设计，空间组织灵活，呈多样性，具有丰富的活动空间，整个空间组织非常有连续性和节奏性

图 3-4 上海思南书局的静态阅读区构成较为单一，空间较为封闭

间的特点如下。

（1）一般来说，静态空间有着比较稳定的空间形式，常采用对称式和垂直界面。

（2）静态空间相对封闭，或者有明显的空间界定。

（3）静态空间构成比较单一，通常会有一个稳定的视觉中心。

3. 沉浸空间与虚幻空间

1）沉浸空间

沉浸空间是指在已界定的空间内通过界面的局部变化而再次限定的空间。由于缺乏较强的限定度，而是依靠“视觉实形”来划分空间，所以其也称为“心理空间”，如局部升高或降低地坪和天棚，或以不同材质、色彩的平面变化来限定空间，而这些空间特点无不体现着其与现实建筑空间的极大相似性。再把视角拉回当下，诸多关于游戏虚拟空间的讨论、开发、设计，其实都在逐渐向现实靠拢，整体虚拟空间表达思路也都是以人的切身感受为出发点。越来越多的人将游戏沉浸空间中的元素与现实进行对比和考量。而建筑作为如今游戏虚拟空间中的必要元素，自然成为重点的讨论对象之一。沉浸空间设计如图 3-5 所示。

2）虚幻空间

虚幻空间利用不同的虚像，把人们的视线转向由镜面所形成的虚幻空间，可以使有限的空间幻化出无限的、古怪的空间感。虚幻空间往往运用现代工艺的奇异光彩和特殊肌理，创造新奇、超现实的戏剧般的空间效果。虚幻空间可产生空间扩大的视觉效果，有时通过几个镜面的折射，将平面的物件营造出立体空间的幻觉，还可把紧靠镜面的不完整的物件营造成完整物件的假象。在室内，特别是在狭窄的空间常利用镜面来扩大空间感，并利用镜面的幻觉装饰来丰富室内景观，如图 3-6 所示。

图 3-5 上海陆家嘴的沉浸空间设计

4. 内凹空间与外凸空间

1）内凹空间

内凹空间是在室内某一墙面或局部角落内凹的空间，是室内局部退进的一种卖场空间形式，在入口设计中运用比较普遍。由于内凹空间通常只有一面开敞，因此受到干扰较少，形成安静的一角，有时可将天棚降低，营造清静、安全、亲密的氛围。根据凹进的深浅和面积的大小不同，空间内可做多种布置，如布置休息椅，创造出理想的交流、休息空间。餐厅、咖啡室等可利用内凹空间布置雅座，避免人流干扰，可获得良好的休息空间。内廊式的商业街可利用内凹式设计适当间隔布置凹室，作为橱窗展示或休息等候场所，可以避免空间的单调感，如图 3-7 所示。

2）外凸空间

凹凸是一个相对的概念，如外凸空间对内部空间而言是凹室，对外部空间而言是凸室， 如图 3-8 所示。大部分的外凸空间设计希望使建筑更好地伸向自然、水面，达到三面临空、饱览风光、使室内外空间融为一体的效果。外凸空间在现代欧美商业建筑中运用得较为普遍，如建筑中的挑阳台、阳光室等都属于这一类。

图 3-6 天津的何必在山林茶室设计，顶面采用镜面材质，扩大空间感，镜面装饰也丰富了室内空间

图 3-7 天津大悦城购物中心内的内凹式入口空间设计

图 3-8 天津大悦城购物中心内的外凸式入口空间设计

5. 地台空间与下沉空间

1）地台空间

室内地面局部抬高，抬高地面的边缘划分出的空间称为“地台空间”，如图 3-9 所示。由于地面升高形成一个台座，和周围空间相比十分醒目突出，为众目所向，因此其“性格”是外向的，具有收纳性和展示性。处于地台上的人们视线开阔，具有一种居高临下的优越感。其适用于惹人瞩目的展示和陈列，如将家具、汽车等产品以地台的方式展出，创造新颖、现代的空间展示风格。专卖店可利用地面局部升高的地台布置主打商品，产生简洁而富有变化的卖场空间形态。一般情况下，地台抬高高度为 40~50 厘米。

2）下沉空间

下沉空间又称“地坑”，是将室内地面局部下沉，在统一的卖场空间产生出一个界限明确、富于变化的独立空间，如图 3-10 所示。由于下沉地面标高比周围要低，因此其具有一种隐蔽感、保护感和宁静感，成为具有一定私密性的小天地，同时随着视线的降低，人感觉空间增大。下沉空间适用于多种性质的空间，根据具体条件和要求，可设计不同的下降高度，也可设计围栏保护。一般情况下，下降高度不宜过大，避免产生进入底层空间或地下室的感觉。

6. 共享空间

共享空间的目的是适应各种频繁、开放的公共社交活动和丰富多样的旅游活动，它由波特曼首创。它以罕见的规模和内容、丰富多彩的环境、别出心裁的手法，营造出光怪陆离、五彩缤纷的氛围。在空间处理上，共享空间是一个运用多种空间处理手法的综合体系，大中有小，小中有大，外中有内、内中有外，相互穿插，融合各种空间形态，变则动、不变则静，如图 3-11 所示。

图 3-9 天津大悦城无印良品店，地台的抬高丰富了空间的立体形式，同时地台又能作为休息阅读区

图 3-10 天津大悦城购物中心 5号空间，地面的错落营造了下沉空间

图 3-11 德国慕尼黑的宝马 4S店共享空间设计层次分明，包括售车、购物、餐饮、休闲等空间业态

7. 大小搭配空间

图 3-12 澳门威尼斯人酒店卖场的母子空间卖场设计，限定出的小区域，增强了亲切感和私密感

人们在大空间一起活动、交流，有时会感到彼此干扰，缺乏私密性，空旷而不亲切。封闭小空间虽能避免上述缺点，但又会产生购物不便和空间沉闷、闭塞的感觉。母子空间是对空间的二次限定，是在原空间中用实体性或象征性的手法限定出小空间，将私密与开敞相结合。母子空间在许多空间被广泛采用，如图 3-12 所示。其通过将大空间划分成不同的小区域，增强了亲切感和私密感，更好地满足了人们的心理需要。这种在强调共性中有个性的空间处理方式，强调心（人）、物（空间）的统一，是商业建筑设计的进步。

8. 交错穿插空间

图 3-13 德国慕尼黑的宝马 4S店中，空间交错穿插，界限模糊，空间关系密切，丰富的室内景观也给卖场增添了生气和活力

利用两个相互穿插、叠合的空间所形成的空间称为交错空间或穿插空间。现代卖场空间设计早已不满足于封闭的六面体和精致的空间形态，在创作中也常将室外空间的城市立交模式引入室内，在分散和组织人流上颇为相宜。在交错穿插空间，人们上下活动，交错穿流，俯仰相望，静中有动，不但丰富了室内景观，也确实给卖场空间增添了生气和活力，如图 3-13 所示。交错、穿插空间形成的水平、垂直方向空间流动，具有扩大空间的作用；空间活跃、富有动感，便于组织和疏散人流。在创作时，水平方向采用垂直护墙的交错配置，形成空间在水平方向上的穿插交错，左右逢源，“你中有我，我中有你”式的空间界限模糊，空间关系密切。

9. 过渡空间

过渡空间又称模糊空间或灰空间，它的界面模棱两可，空间充满复杂性和矛盾性。过渡空间常介于两种不同类型的空间之间，如室内与室外之间、开敞空间与封闭空间之间等。由于过渡空间具有不确定性和模糊性，从而延伸出含蓄和耐人寻味的意境，多用于处理空间与空间的过渡、延伸等。对于过渡空间的处理，应结合具体的空间形式与人的意识感受，灵活运用，创造出人们所喜爱的空间环境，如图 3-14 所示。

图 3-14 德国柏林市中心商业大厦的灰空间设计，充满了一种含蓄、大气的空间气质

二、空间划分

卖场空间的划分可以按照功能需求做种种处理。随着应用物质的多样化，立体的、平面的、相互穿插的、上下交叉的设计，明暗、虚实结合的光影和照明设计，多样的陈设和丰富的艺术造型设计，都能产生形态繁多的空间划分效果。

1. 封闭式划分

封闭式划分是为了对声音、视线、温度等进行隔离，形成独立的空间。这样相邻空间之间互不干扰，具有较好的私密性，但是流动性较差，一般利用现有的承重墙或现有的轻质隔墙分隔，如图 3-15 所示。

2. 局部划分

局部划分是为了减少视线上的相互干扰，对声音、温度等进行分隔。局部划分的方法是利用高于视线的屏风、家具或隔断等进行划分。局部划分的形式有 4 种，即一字形垂直划分、 L 形垂直划分、U 形垂直划分、平行垂直面划分，局部划分多用于大空间内划分小空间的情况，如图 3-16 所示。

图 3-15 广州 k11商业空间设计，采用封闭的墙体分割空间

图3-16 天津大悦城购物中心内采用展柜分隔的方式，在共享大厅中划分出相对独立的护肤品牌专卖厅

3. 列柱划分

柱子的设置是出于结构的需要，但有时也用柱子来分隔空间，丰富空间的层次与变化。柱距越小，柱身越细，分隔感越强。在大空间中设置列柱，通常有两种类型：一种是设置单排列柱，把空间一分为二，如图 3-17 所示；一种是设置双排列柱，将空间一分为三。一般是使列柱偏于一侧，使主体空间更加突出，而且有利于功能的实现。设置双排列柱时，会出现三种可能，一是将空间平均分成三部分，二是边跨大而中跨小，三是边跨小而中跨大。其中第三种方法是普遍采用的，它可以使主次分明，空间完整性较好。

4. 利用基面或顶面的高差变化划分

利用高差变化划分空间的形式限定性较弱，

图 3-17 天津大悦城购物中心的双排立柱将空间一分为二，营造了多元化的购物空间

有时靠部分形体的变化来划定空间。空间的形状简单，却可获得较为理想的空间感。常用方法有两种：一是将室内地面局部提高；二是将室内地面局部降低。这两种方法在限定空间的效果上相同，但前者在效果上具有发散的弱点，一般不适合于内聚性的活动空间，在室内较少使用。后者内聚性较好，但在一般空间内不允许局部过多降低，较少采用。顶面高度的变化方式较多，可以使整个空间的高度增高或降低，也可以在同一空间内，通过看台、排台、悬板等方式将空间划分为上下两个层次，既可扩大实际空间领域，又丰富了卖场空间的造型效果，如图 3-18 所示。

图 3-18 天津周大福 k11中心，变化的地面造型，起到了划分不同功能区域的作用

5. 利用建筑小品、灯具、软隔断划分

通过喷泉、水池、花架等建筑小品对卖场空间划分，不但保持了大空间的特性，活跃了空间气氛，又能起到分隔空间的作用，如图 3-19 所示。设计师还可以利用灯具对空间进行划分，通过挂吊式灯具或对其他灯具进行适当排列，布置相应的光照，可有效分隔空间。软隔断就是利用布幔、珠帘及特制的折叠连接帘进行隔断，增强亲切感和私密感，更好地满足人们的心理需要。

图 3-19 天津大悦城购物中心店铺利用货架、展架等不同元素分隔出不同空间

三、空间的界面设计

界面设计是指对卖场空间的各个围合面——地面、墙面、隔断、平顶等进行界面形状、图形线脚、肌理构成的设计，还要处理界面和结构构件的连接构成，如水、电、风等相关管线设施的协调配合等。

（一）各类界面的共同要求

室内空间各界面和配套设施装饰材料的选用直接影响着整体空间设计的实用性、经济性、美观性以及环境氛围，是设计者设计空间效果的重要环节。所以，设计者必须熟悉各种装饰材料的质地、性能特点，掌握材料的价格和施工工艺，运用先进的装饰材料和施工技术，为实现更好的设计创意打下坚实的基础。

不同的建筑部位对装饰材料的物理性能、化学性能、观赏效果等要求各有不同。例如建筑外装饰材料要求有较好的耐风化、耐候性能，由于大理石的主要成分为碳酸钙，其常与城市大气中

的酸性物化合而受侵蚀，所以，外装饰一般不宜使用大理石。不同功能性质的室内空间需选用不同的装饰材料，由不同类别的界面材料来烘托室内环境氛围，如图 3-20 所示。如休闲、娱乐空间的热闹欢快气氛与办公空间的宁静严肃气氛均与所选材料的肌理、光泽、色彩等有着密切关系。

图 3-20　北京 SKP-S购物中心的化妆品专卖空间利用红色的铝塑板来装饰空间，营造出整洁、精致的效果

（二）商店卖场各界面和配套设施装饰设计的原则与要点

1. 原则

（1）装饰、装修要与室内空间各界面及配套设施的特定要求相协调，达到高度的、有机的统一。

（2）室内空间环境的整体氛围要服从不同功能的室内空间的特定要求。

（3）室内空间界面和某些配套设施在处理上切忌过分突出。因为它们作为室内环境的背景，对室内空间、家具和陈设起到烘托、陪衬的作用；但是对于需要营造特殊气氛的空间，如舞厅、咖啡厅等，有时也需对其做重点装饰处理，以强化效果。

（4）充分利用材料质感。质地美能加强艺术表现力，给人以不同的感受。材料质粗使人感到稳重、浑厚，也可以吸收光线，使人感到光线柔和；材料质细使人感到轻巧、精致；材料表面光滑可以反射光线，使人感到明亮。一般来说，大空间、大面积，质宜粗；小空间、小面积的重点部位质宜细。

（5）充分利用色彩的效果。虽然形状是物质的基础，色彩是从属于形式和材料的，每个人对形状和色彩的反应并不完全一样，但是，色彩有着较强的表现力，对视觉有强烈的感染力。色彩效果包括生理、心理和物理三方面的效应，所以说，色彩是一种效果显著、工艺简单和成本经济的装饰手段。确定室内环境的基调、创造室内的典雅气氛主要靠色彩的表现力。一般来说，室内色彩应以低纯度为主，局部地方可作高纯度处理，家具及陈设品可作对比色处理，这样就能达到低纯度中有鲜艳、典雅中有丰富、协调中有对比的效果。

（6）照明及自然光影在创造室内气氛中起烘托作用，如图 3-21 所示。安静及私密的空间中光线要较暗淡些，甚至若隐若现；热闹及公共空间的光线则要明亮，甚至灯火辉煌，利用天窗的顶光增加自然光线，利用窗花、花格顶棚等增加光影的变化。

（7）充分利用其他造型艺术手段如图案、几何形体、线条等的艺术表现力。

（8）在建筑物理方面，如保温隔热、隔音、防火、防水、空调设备等的设置按照国家标准执行。

（9）构造简洁，施工经济合理。

图3-21 天津大悦城购物中心，通道两侧的蓝色灯光配合科幻的造型，增加了空间的艺术表现力

2. 设计要点

1）形体

形体由面构成，面由线构成。室内空间界面和配套设施中的线主要是指分格线和由于表面凹凸变化产生的线。这些线可以体现装饰的静态感或动态感，可以调整空间感，也可以反映装饰的精美程度。例如，密集的线有极强的方向性；柱身的槽线可以把人们的视线引向上方，增加柱子的挺拔感；沿走廊方向表现出来的直线可以使走廊显得更深远；弧线可体现向心感或离心感，剧场顶棚弯向舞台的弧形分格线有助于把人的视线引向舞台。

室内空间界面和配套设施的面是由各界面和配套设施造型的轮廓线和分格线构成的，不同形状的面会给人以不同的联想和感受。如棱角尖锐的面给人以强烈、刺激的感觉；圆滑的面给人以柔和、活泼的感觉；梯形的面给人以坚固和质朴的感觉；正圆形的面中心明确，具有向心力和离心力等。正圆形和正方形属于中性形状，设计者在创造具有个性的空间环境时，常常采用非中性的自由形状，如图 3-22 所示。

形体可以从两个方面来理解：一方面是由各界面和配套设施围合而成的空间形体，如人民大会堂墙壁与顶棚没有明显的界线，自然衔接，浑然一体；另一方面指各界面和配套设施自身表现出来的凹凸和起伏，如藻井或吊顶上下垂的筒灯等。

图 3-22 天津大悦城购物中心，空间采用不同形体的组合设计，从而削弱了不同形体空间的边界

2）质感

在选择材料的质感时，应把握好以下几点。

（1）要使材料性格与空间性格相吻合。室内空间的性格决定了空间气氛，空间气氛的构成则与材料性格紧密相关，因此，在选用材料时，应注意使其性格与空间气氛相配合。例如，娱乐休闲空间可采用明亮、华丽、光滑的玻璃和金属等材料，给人以豪华、优雅、舒适的感觉。

（2）要充分展示材料自身的内在美。天然材料自身具备无法模仿的美的要素，如图案、色彩、纹理等，因而在选用这些材料时，应充分体现其个性美，如石材中的花岗岩、大理石，木材中的水曲柳、柚木、红木等都具有天然的纹理和色彩。因此，在材料的选用上，并不意味着高档、高价便能出现好的效果；相反，只要能使材料各尽其用，即使花较少的费用，也可以获得较好的效果。

（3）要注意材料质感与距离、面积的关系。同种材料，当距离远近或面积大小不同时，给人们的感觉往往是不同的，如图 3-23 所示。对于表面光洁度好的材质，人离得越近感受越强，越远感受越弱。例如光亮的金属材料用于较小面积时，尤其是作为镶边材料时显得光彩夺目，但当大

图 3-23 天津大悦城购物中心走廊空间，磨砂亚克力顶棚规律地大面积铺设，让整个空间更显静谧

面积应用时，就容易给人以凹凸不平的感觉；毛石墙面近观很粗糙，远看则显得较平滑。因此，在设计中，应充分把握材料的特点，并在大小尺度不同的空间中巧妙地运用不同材料。

（4）材料与使用要求相统一。具有不同要求的使用空间必须采用与之相适应的材料。例如，录音棚或微机房有隔声、吸声、防潮、防火、防尘、光照等不同要求，应选用不同材质、不同性能的材料；对同一空间的墙面、地面和顶棚，也应根据耐磨性、耐污性、光照柔和程度以及防静电等方面的不同要求而选用合适的材料。

（5）注意材料的经济性。选用材料必须考虑其经济性，且应以低价高效为目标。即使要装饰高档的空间，也要搭配好不同档次的材料，若全部采用高档材料，反而给人以浮华、艳俗之感。

（三）空间界面构成

1. 顶棚装饰设计

顶棚是室内空间的上界面，是室内空间设计中的遮盖部件。作为室内空间的一部分，其使用功能和艺术形态越来越受到人们的重视，对室内空间形象的创造有着重要的意义，如图 3-24 所示。它的作用一是遮盖各种通风、照明、空调线路和管道；二是为灯具、标牌等提供一个可载实体；三是创造特定的使用空间和审美形式；四是起到吸声、隔热、通风的作用。

1）影响顶棚使用功能的因素

（1）顶棚作为一种功能元素，表面的设计和材质都会影响到空间的使用效果。当顶棚平滑时，它能成为光线和声音有效的反射面。若光线自下面或侧面射来，顶棚本身就会成为一个广阔、柔和的照明表面。它的设计形状和质地不同也影响着房间的音质效果。在大多数情况下，如顶棚大量采用光滑的装饰材料，就会引起反射声和混响声，因而在公共场合必须采用具有吸声效果的顶棚装饰材料。在办公室、商店、舞厅等场所，为了避免声音的反射，采用的办法是增加吸音表面，或是使顶棚倾斜，或用更多的块面板材进行折面处理。

（2）顶棚的高度对于一个空间的尺度也有重要影响。较高的顶棚能产生庄重的气氛，在整体设计规划时应给予足够的考虑。低顶棚设计能给人一种亲切感，但顶棚过于低矮也会适得其反，使人感到压抑。低顶棚一般多用于走廊和过廊。在室内整体空间中，内外局部空间高低的变化有助于限定空间边界，划分使用范围，强化室内装饰的气氛。

（3）由于灯光控制有助于营造气氛和增加层次感，所以在设计顶棚时，灯光是一个不容忽视的因素。在注意美观与实用并重的同时，设计者往往偏重采用西方后现代派的简约主义设计手法。简练、单纯、抽象、明快的处理手法不但能实现顶棚本身要求的照明功能，而且能展现出室内的整体美感。

（4）随着装饰设计和施工水平的提高，室内设计越来越强调构思新颖、独特，注重文化含量，以人为本。在满足使用功能的前提下，设计师同时也重视室内装饰新材料、新技术的开发和运用，尤其对室内顶棚装饰的细部设计和施工，精益求精，一丝不苟，将室内装饰设计和施工质量提高到一个新的高度。

2）顶棚的设计形态对空间环境的影响

顶棚的设计一般是在原结构的基础上对其进行适度的掩饰与表现，以展示结构的合理性与力度美，是对结构造型的再创造。由于室内顶棚阻挡较少，能够一览无余地进入人们的视线，因而它的空间组合形式、结构造型、材质、光影、色彩以及灯饰和边线等，能给人强烈的直观形象，造就不同的环境氛围。

顶棚的设计形态构成了空间上部的变奏音符，为整体空间的旋律和气氛奠定了视觉美感基础。例如，线性表现形式能产生明确的方向感；格子形的设计形式和有聚焦点的放射形式能产生很好的凝聚感；单坡形顶棚设计可引导人的视线从下向上移动；双坡形顶棚设计可以使人的注意力集中到中间屋脊的高度和长度上，使人产生安全的心理感受；中心尖顶的顶棚设计给人的感觉是崇高、神圣的；多级形的顶棚设计会使顶棚平面与竖直墙面产生缓和

图 3-24 德国马格德堡麦当劳餐饮空间，顶棚的有序分割和柱子相互呼应，有很好的导向作用

的过渡与连接，丰富层次感。在设计实践中，除上述各种设计形式之外，还可以大胆采用直线、弧线、圆形、方形等点、线、面的结合形式，对同种材料和不同材料之间的搭配进行艺术处理，丰富顶棚层次，达到新颖独特、富有现代感的装饰效果。

3）顶棚装饰设计的要求

（1）注意顶棚造型的轻快感。轻快感是一般室内顶棚装饰设计的基本要求。上轻下重是室内空间构图稳定感的基础，所以顶棚的形式、色彩、质地、明暗等处理都应充分考虑该原则，有特殊气氛要求的空间除外。

（2）满足结构和安全要求。顶棚的装饰设计应保证装饰部分的结构与构造处理的合理性和可靠性，以确保安全，避免意外事故的发生。

（3）满足设备布置的要求。顶棚上部各种设备布置集中，特别是高等级、大空间的顶棚上通风空调、消防系统、强弱电系统错综复杂，设计时必须综合考虑，妥善处理。同时，还应协调通风口、烟感器、自动喷淋器、扬声器等与顶棚面的关系。

4）常见的顶棚形式

（1）平整式顶棚。平整式顶棚的特点是顶棚表现为一个较大的平面或曲面。这个平面或曲面可能是屋顶承重结构的下表面，其表面用喷涂、粉刷、贴壁纸等形式处理；也可能是用轻钢龙骨与纸面石膏板、矿棉吸声板等材料做成平面或曲面形式的吊顶。有时，顶棚由若干个相对独立的平面或曲面拼合而成，在拼接处布置灯具或通风口。平整式顶棚构造简单，外观简洁大方，适用于候机室、候车室、休息厅、教室、办公室、展览厅和卧室等气氛明快、安全舒适或高度较小的空间，如图 3-25 所示。平整式顶棚的艺术感染力主要来自色彩、质感、风格以及灯具等各种设备的配置。

（2）井格式顶棚。由纵横交错的主梁、次梁形成的矩形格，以及由井字梁楼盖形成的井字格等都可以形成很好的图案。在这种井格式顶棚的中间或交点处布置灯具、石膏花饰或彩绘画，可以使顶棚的外观生动美观，甚至表现出特定的气氛和主题，如图 3-26 所示。有些顶棚上的井格是由承重结构下面的吊顶形成的，这些井格的梁与板可以用木材制作，或雕或画，相当美观。

（3）悬挂式顶棚。在承重结构下面悬挂各种折板、格栅、饰物，构成悬挂式顶棚，采用这种顶棚往往是为了满足声学、照明等方面的特殊要求，或者为了追求某种特殊的装饰效果。在影剧院的观众厅中，悬挂式顶棚的主要功能在于形成不同角度的反射面，以取得良好的声学效果。在餐厅、茶室、商店等建筑中，也常常采用不同形式的悬挂式顶棚。很多商店的灯具均以木制格栅或钢板网格栅作为顶棚的悬浮物，既作为内部空间的主要装饰，又是灯具的支承点，如图 3-27 所示。有些餐厅、茶座以竹子或木方为主要材料做成葡萄架，形象生动，气氛活泼。

（4）分层式顶棚。电影院、会议厅等空间的顶棚常常采用暗灯槽，以取得柔和均匀的光线。与这种照明方式相适应，顶棚可以做成几个高低不同的层次，即为“分层式顶棚”。分层式顶棚的特点是简洁大方，与灯具、通风口的结合更自然，如图 3-28 所示。在设计这种顶棚时，要特别注意不同层次间的高度差，以及每个层次的形状与空间的形状是否相协调。

（5）玻璃顶棚。现代大型公共建筑的大空间，如展厅、四季厅等，为了满足采光的要求，打破空间的封闭感，使环境更富情趣，除把垂直界面做得更加开敞、通透外，还常常把整个顶棚做

图 3-25 天津大悦城购物中心，平整的顶棚造型轻快简洁，气氛明快

图3-26 上海WHATEVER EYEWEAR太阳眼镜店的井格式顶棚，满足建筑结构的同时，增强了空间的美感

成透明的玻璃顶棚，如图 3-29 所示。玻璃顶棚由于受到阳光直射，容易使室内产生眩光或大量辐射热，普通玻璃易碎又容易砸伤人，因此可视实际情况采用钢化玻璃、有机玻璃、磨砂玻璃、夹钢丝玻璃等。

在现代建筑中，还常用金属板或钢板网做顶棚的面层。金属板主要有铝合金板、镀锌铁皮、彩色薄钢板等。钢板网可以根据设计需要涂刷各种颜色的涂料。这种顶棚的形状多样，可以得到丰富多彩的效果，而且容易体现时代感。此外，还有用镜面做顶棚的，这种顶棚的最大特点是可以扩大空间感，形成闪烁的气氛。

图 3-27 天津大悦城购物中心服饰区的悬挂式顶棚，在满足照明的同时，本身也成为空间不可或缺的一种美

图 3-28 天津大悦城购物中心的分层式顶棚，简洁大方，与灯具、通风口的结合更自然

2. 地面装饰设计

地面作为室内空间的平整基面，是室内环境设计的重要组成部分。因此，地面的设计在必须具备实用功能的同时，又应给人一定的审美感受和空间感受。

1）地面的材质对空间环境的影响

不同的地面材质给人不同的心理感受：木地板因自身的色彩、肌理特点给人以淳朴、幽雅、自然的视觉感受；石材给人沉稳、豪放、踏实的感觉；各种地毯作为表层装饰材料，也能在保护装饰地面的同时起到改善与美化环境的作用。各种材质的综合运用、拼贴镶嵌，展示独特的艺术性，

图 3-29 天津大悦城购物中心的玻璃顶棚，扩大了空间感，同时满足了采光需求

体现使用者的性情、学识与品位，折射出个人或群体的特殊精神品质与内涵。

2）地面装饰设计的要求

（1）必须保证坚固耐久和使用的可靠性。

（2）应满足耐磨、耐腐蚀、防潮湿、防水、防滑又防静电等基本要求。

（3）应具备一定的隔音、吸声性能和弹性、保温性能。

（4）应满足视觉要求，使室内地面设计与整体空间融为一体，并为之增色。

3）常见的地面拼花图案类型

在地面造型上，运用拼花图案设计，暗示人们某种信息，或起标识作用，或活跃室内气氛，增加生活情趣，如图 3-30 所示。

图 3-30 天津大悦城购物中心的走廊空间。在地面造型上，运用几何形拼花图案设计，起到划分空间和活跃室内气氛的作用

3. 墙面装饰设计

墙面是室内外环境构成的重要部分，不管是用“加法”处理，还是用“减法”处理，它都是陈设艺术及景观展现的背景和舞台，对控制空间序列、创造空间形象具有十分重要的作用。

1）墙面装饰设计的作用

（1）保护墙体。墙体装饰能使墙体在室内湿度较高时不易受到破坏，从而延长使用寿命。

（2）装饰空间。墙面装饰能使空间美观、整洁、舒适、富有情趣，还能渲染气氛，增添文化气息。

（3）满足使用要求。墙面装饰具有隔热、保温和吸声作用，能满足人们的生理要求，保证人们在室内正常活动。

2）墙面装饰设计的类型

（1）抹灰类装饰。室内墙面抹灰，可分为抹水泥砂浆、白灰水泥砂浆、罩纸筋灰、麻刀灰、石灰膏或石膏，以及拉毛灰、拉条灰、扫毛灰、洒毛灰和喷涂等几种。石膏罩面的优点是颜色洁白、光滑细腻，但工艺要求较高。拉毛灰、拉条灰、扫毛灰、洒毛灰和喷涂等具有较强的装饰性，统称为“装饰抹灰”，其装饰效果如图 3-31 所示。

（2）贴面类装饰。室内墙面的贴面类装饰可采用天然石饰面板、人造石饰面板、饰面砖、镜面玻璃、金属饰面板、塑料饰面板、木材、竹条等材料。由于贴面使用的材料不同，其视觉效果也会有很大差异，其装饰示例如图 3-32 所示。

（3）涂刷类装饰。涂刷内墙面的材料有乳胶漆、可赛银、油漆和涂料等，其装饰示例如图 3-33 所示。

（4）卷材类装饰。用于装饰的卷材主要是指塑料墙纸、墙布、丝绒、锦缎、皮革和人造革等，其示例如图 3-34 所示。

图 3-31 抹灰类装饰具有质朴、亲和的肌理墙面效果

图 3-32 贴面类装饰，棕色的木板与白色的品牌标志搭配，营造了简洁自然的和谐色调

图 3-33 涂刷类装饰——五颜六色的墙面涂刷营造了活泼的购物氛围

（5）原质类装饰。原质类装饰是最简单、最朴素的装饰手段。它利用墙体材料自身的质地不做任何装饰和加工。原质类装饰的材料主要有砖、石、混凝土等种类，其示例如图 3-35 所示。

（6）综合类装饰。墙体的装饰在实际使用中不可能分得那么明确，有时同一墙面可能会出现

图 3-34 卷材类装饰，用饰面板包裹的墙面，强化了室内空间的流动性

图 3-35 原质类装饰，利用混凝土自身的质地，不做任何装饰，构成了粗犷与精致的质感对比，强化了视觉艺术效果

几种不同的做法。但是应注意，在同一空间内的墙体做法不宜过多、过杂，且应有一种主导方法，否则容易使空间效果无法统一。

4. 柱子装饰设计

柱子在许多建筑空间中的存在是不可避免的，要让它们与环境统一和谐，使它们符合环境的气氛，除按照上述方法进行构思设计外，还可与照明灯具、绿化景观相结合，这也是室内能创造出情调的一个因素。在大型公共场所中，柱子很多时候会被货架及柜台包围，特征不易表现出来。但对于独立存在于空间之中的柱子，则可以对其进行装饰设计，如图 3-36 所示。根据不同的位置、不同的环境来运用不同的方式塑造适合环境需要的柱子，使柱子在该表现的地方充分地表现，不该表现的地方则隐藏起来，以便达到空间所需要的设计意境。

图 3-36 在柱面上做装置，强化了商业购物空间的时尚感和艺术性

5. 景点装饰设计

室内景点设计是室内环境设计中一个不可忽略的部分。在室内设计的整体创意下，往往需要对某一部位进行深入细致的景点设计。首先设计师要对室内物理环境进行研究，将景点的设计特色与建筑风格紧密融合，并与室内设计的综合效果相适应，这样才能体现出文化层次，从而获得增光彩的艺术效果。相反，若不考虑室内设计风格的特点，随心所欲，不仅达不到室内设计的理想效果，反而会降低标准，显得俗气、低档。景点设计作为室内空间特征最为活跃的环境因素，在满足人们的心理需求、协调人与环境的关系方面具有积极作用。

适宜的景点造型设计能使人感到充实，生活似乎也会变得轻松平静， 如图 3-37 所示。景点可以说是包罗万象的，一束花、一幅画、一个壁炉，甚至一件精美的艺术品都可以构成一个景点。它的种类很多，基本上可分为功能性与观赏性两大类。功能性的景点多以工艺品、纪念品以及一些特殊的物品为主，通过灯光的照射、展示柜的摆设，形成一个相对独立的区域。而观赏性的景点，可采用插花或植物组合进行过渡、延伸、分割、柔化空间，用来丰富、活跃室内气氛。在景点设计中，要根据场合的需要，对设计手段有选择地进行组合，要遵从简洁、明快、突出的原则，不宜过繁，否则会引起杂乱堆砌的感觉。景点设计在尺度上应与其他环境形态相适应，大面积的景点可以用

图 3-37 北京朝阳大悦城某咖啡馆，景观序列为栈道—下沉水面—水上小屋—船中露天甲板庭园，甲板的体量布置像是自由的户外台阶，高低错落的木块与绿植的组合构成室内花园，在功能上为不同朝向的坐者或立者提供指引，在造景上与外界景观相互映照。其尺度和节奏经过缜密考虑，既照顾人的心理舒适度，亦鼓励多种人群聚落和不同社交模式的使用

来丰富靠近墙体的剩余空间，中等面积的景点可以设置在窗台、柜、桌上，小面积的景点往往出奇制胜地与吊挂或灯具等结合起来布局，使室内装饰效果锦上添花。

另外，在设计实践中，还要充分发挥设计者的个性，将景点设计建立在性格、学识、教养等各种因素上，通过景点形式，反映出人们不同的情趣和格调，满足和表现个人和群体的特殊精神品质和心灵内涵，为人们在现实生活的繁忙中开辟出一处养心之所。

6. 楼梯装饰设计

现代室内设计中，人们对个性化、艺术性提出了更高的要求。楼梯作为室内空间的点缀部分，不仅具有使用功能，还兼具空间构成的作用，同时在室内设计中具有很强的装饰作用，因此越来越受到当代设计师的重视。楼梯发展到今天已不再单纯地起着上下空间流通媒介的作用，它要在工程质量、艺术含量、人机工程学等方面最大限度地满足使用者的需求。一个成功的楼梯设计可以为整个环境的装饰起到画龙点睛的作用。楼梯的首要职能是充当建筑不同层次间的通道，因此它在人的居住、活动空间中起着极为重要的作用。它的设计形式可以多种多样，有单跑式、拐角式、田径式、旋转式等几种。楼梯的设计风格有多种。它有许多建造形式，在装饰方面，栏杆、栏板、扶手的装饰造型和用料也是楼梯设计中很重要的部分。尤其是随着材料品种的增多，处理与表现手法层出不穷。如扶手设计可采用各种优美的曲线造型，有的豪华气派，有的古朴典雅，能给人以视觉上的享受，营造出不同的室内氛围。以下简单介绍几种楼梯的装饰形式。

（1）木质楼梯。木质楼梯可以采用简洁的设计，也可采用仿古、仿欧式设计。栏杆多由木材制作，通常是竖式的并带有造型，也可在其上加雕刻等，造型根据不同的设计风格而定，也可用板材制作成为不镂空的装饰栏板。扶手的造型有多种形式，主要以简洁大方为主，在局部可以做一些精巧的装饰。木质楼梯给人稳重、古典、豪华的感觉，多用于档次较高的室内装饰工程，如图 3-38 所示。

（2）钢质楼梯。钢质楼梯多采用镜面不锈钢和亚光不锈钢制成，常用的材料还有铜、铝合金两种。栏杆材料和主体的一致，造型可以多变，但多采用简练的线条与块面的构成形式，也可以做成仿欧式的装饰花纹等造型。不同的栏杆造型会对整个楼梯风格有很大的影响。用亚光的不锈钢、铝合金制成的楼梯造价不算太高，因此适用于中档装饰工程。铜制的楼梯造价比前两者要高，但由于它的色彩呈黄色，给人一种辉煌的感觉，可以营造出很好的视觉效果，因此通常在中档偏高的装饰设计中采用。钢质楼梯给人以冷静可靠、简洁大方、坚固耐用的感觉，多适用于公共场所。

（3）钢、木、塑料、玻璃等多种材料制作的楼梯。这种楼梯一般采用钢制骨架，扶手和栏杆采用其他材料制作，适合在装饰风格较现代的环境中运用，给人新颖、温柔、现代的感觉，属中档制作形式，如图 3-39 所示。单纯钢木结合制作的楼梯运用也很广泛，给人一种简洁、现代的感受。

（4）铁艺楼梯。铁艺设计在现代的楼梯栏杆制作中大有后来居上的势头，铁制成的栏杆造型美观典雅，是一种很好的表现形式，如图 3-40 和图 3-41 所示。

在楼梯的设计中除了要考虑上述因素外，还应力求楼梯的设计风格、色彩运用与整个环境设计风格相协调。楼梯设计方案根据层高、平面宽度限定、人员流量大小、造型的需要、投资限额和施工条件等因素而确定，既要讲究美观，又要追求实用，且施工工艺要简单，造价要合理。只有功能与形式、造型与环境相匹配的楼梯，才能与所处的环境合奏一首和谐的乐曲，使人陶醉其中，如图 3-42 所示。

图 3-38 采用名贵木材制作的楼梯造型简洁，功能完备，淡淡的木色让空间给人简约大方、安静怡人的感觉

图 3-39 采用钢与玻璃材料制作的楼梯，几种材料的运用使楼梯现代感十足

图 3-40 采用黑色烤漆铁艺制作的楼梯简洁大方

图 3-41 铁艺楼梯设计，造型现代、简约

图 3-42 采用现代化自动扶梯构成商场的流动空间

5. 卖场空间给人的感受

卖场空间界面给人的感受源于空间自身的造型和界面所运用的材质两方面。进行界面设计时要根据卖场空间的性质和环境气氛的要求，结合现有材料、设备及施工工艺等对空间界面进行处理，即可赋予空间特性，还有助于加强它的完整性和统一性。

1）室内装饰材料的选用

室内装饰材料的选用是界面设计中涉及设计成果的实质性的重要环节，它最为直接地影响室内设计整体的实用性、经济性、环境气氛和美观效果。在材质的选用方面，设计师应充分利用不同材质的不同空间感受，为实现设计构思创造坚实的基础。

（1）图案。大图案可使界面提前，空间感缩小；小图案可使界面后退，空间感扩大。

（2）材质纹理或线条走向。其选择应有利于扩大空间感。层高低的空间墙面应尽量利用纵向线条，使空间有挺拔感；开间狭窄的空间应利用一些平行于开间方向的线条来打破狭窄的感觉。

（3）材料的色彩、质地。冷色调可使空间有后退感，使空间感扩大，但冷色调也会给人以寒冷的感觉，阴面房间应谨慎使用。质地光滑或坚硬的材料容易形成反射，从而使空间感变大，相反有粗糙之感的材料会使空间感缩小。

2）卖场空间形态给人的感受

不同的空间给人的感受各不相同。卖场空间的形态就是卖场空间的各界面所限定的范围，而空间感受则是所限定空间给人的心理、生理上的影响。

（1）矩形卖场空间。矩形卖场空间是一种最常见的空间形式，很容易与建筑结构形式相协调，平面具有较强的单一方向性，立面无方向感，是一种较稳定的空间，属于相对静态和良好的滞留空间，如图 3-43 所示。

（2）折线形卖场空间。折线形卖场平面为三角形、六边形等多边形。平面为三角形的空间具有向外扩张之势，立面上的三角形具有上升感；平面为六边形的空间具有一定的向心感等，折线形空间如图 3-44 所示。

图 3-43 天津大悦城购物中心走廊设计，空间方正，开阔明亮

（3）圆拱形空间。圆拱形空间常见两种形态：一种是矩形平面拱形顶，水平方向性较强，拱形顶具有向心流动性；另一种平面为圆形，顶面也为圆弧形，有稳定的向心性，给人收缩、安全、集中的感觉，如图 3-45 所示。

（4）自由形空间。自由形空间的平面、立面、剖面形式多变而不稳定，自由而复杂，有一定的特殊性和艺术感染力，多用于特殊娱乐空间或艺术性较强的空间，如图 3-46 所示。

图 3-44 天津大悦城购物中心，曲折角的动线给人一丝神秘感

图 3-45 上海思南书局，圆拱形空间设计给人一种安全、集中的感觉

图 3-46 上海乐岛咖啡的自由形空间，充满了流动性和生动感

四、空间构图与空间序列

（一）构图要素

1. 点

1）点的属性

从理论上讲，点的轨迹构成线，线密集地排列形成面。以点为基础的几何造型因丰富的联想性、巧妙的构思、强烈的视觉效果受到人们的喜爱。它们成为一种重要的装饰手段运用于商业购物空间和商场界面中。

点的大小与形状可以改变。在装饰设计中，点可以说是最小的元素形式，点可以扩展，变成一个面，能充满整个背景面（面积相对小）。所以我们要考虑点与背景的关系，即点的大小比例问题和与空间环境中其他物体的关系。如果一条非常细的线与点并置，点的面貌也可以面的方式反映出来。所以，点是以多种形态存在的。同样的点进行不同的组合能给人以多种不同的视觉心理感受。

2）点在商业购物空间环境中的运用

点在室内造型设计中的应用一般分为功能性的和装饰性的。在室内空间中，各种形式的点无处不在，它们既能确定距离位置，又能决定形态造型。同时，点的形态不仅随意且富有变化，还具有突出重点、集中视线的作用，且在空间中起着精准定位的作用，如图 3-47 所示。

室内设计中的点不仅以实体的形式存在，还包括虚的点。一般虚的点是由形暗示才能被感觉到或由关系推知来被感知的，所以它是一种心理上存在的点。虚的点给人的感觉既能是清晰明确的，又能是模糊不清的。设计师通过虚点描述空间与内部实体之间的结构关系，以此来更好地把握形体特征。

灯光的投影产生出动态的点，同时，点的伸展所产生的线较单一的线条更加丰富而有变化。这时点的特征有所降低，被点连成的线产生出了富于装饰性的韵律，界面装饰形成了节奏被调节出来。而当点按大小依次排列扩张开时，面出现了。这个特别的装饰层面既丰富了表现手法，又恰到好处地增加了空间层次，烘托出浓郁、活泼的气氛。

2. 线条

一般来说，线存在于室内空间界面或实体界面的轮廓、转折、分割、交界处。不同线型、不同粗细的线的排列组合，只要给予适当的运用，都会使人们产生不同的内心共鸣和精神感受。

线的出现保证了空间界面和实体表面的勾勒，部分线型还具有区别不同空间使用功能的作用。因此，在室内空间中处理好线与空间整体之间的关系，并合理地应用各种形式的线型进行排列组合，可使空间层次丰富又不失灵活随意，如图 3-48 所示。

图 3-47 天津大悦城餐饮店，顶面用许多干花装饰构成了一个个点，成为视觉的重点

图 3-48 顶棚设计采用线性元素，长短、粗细、造型各不相同的金属管构成了空间里的线性结构，增加了空间的韵律

3. 面

在室内空间设计中，面是最活跃、最广泛的构成要素，空间实体以面为表形，室内整体以面为背景。面的设计可以直接改变空间的关系，在室内空间的设计中灵活搭配面并由此产生最佳视觉效果的例子数不胜数。

面一般可以分为两种，一种是真实存在的面，如墙面和物体的表面；另一种是视觉感觉所产生的，不具有实体构成的虚面。例如室内的百页窗帘，叶片之间是等距不连续的，光与视线可在缝隙中穿透，虽然这样的面能分割空间给人分隔感，但是它却营造了一个流动的空间，向外看外面的景致清晰可见，加强了室内与外界的联系，同时仍能使室内的人们在若隐若现中获得安宁感。

如果按照空间布局的视觉效果来划分，面又可以分为视觉中心面和次面。大面积的墙面的材质和纹理在室内空间中占据绝对重要的比例，这是设计师需要重视的视觉中心面。使用大面积的涂料或墙纸进行处理，局部以更具细节突出效果的文化石、装饰画以及各种镜面点缀，都会使室内空间积淀下整体风格的基调和效果。地面和天花板作为次面，其色彩应该比墙面色彩更简洁明快，给人明亮的感觉，其装饰和点缀不能超过墙面，否则会造成视觉上反客为主的紊乱感。整体空间中心面和次面应彼此衬托、相辅相成、突出重点、分明层次。面有以下几种类型。

（1）几何型的面，即由数学方式构成的面。

（2）有机型的面，即由自由曲线构成的面。

（3）直线型的面，即由直线随意构成的面。

（4）偶然型的面，即偶然获得的面。

（5）不规则型的面，即由自由曲线及直线随意构成的面。

室内出现较多的是由两条水平线和两条垂直线构成的方形面，由此框定了一个个相对独立却又多方连续的实体。这种元素提供了构成空间的可能性。在这样的界面上，每一个物体或装饰物必然停留在一种与背景相对固定的关系中，或左或右、或上或下，这就需要我们用心理联想的方式进行考虑，设计布置出最佳位置，将外在的视觉效果和内在的风格“培育”出来。

在面当中，圆形是静止、完美的状态。它没有任何角状的突然转折。这一类几何曲线型的面有柔软、自由、明快的性格，整齐、富有秩序性。面的不同大小、虚实给人不同的视觉感受。面积大的面，给人视觉以扩张感；面积小的面，给人视觉以内聚感；实的面给人以量感和力度感，称为定形的面，或静态的面；虚的面，如由点或线密集构成的面，给人以轻而无量的感觉，称为不定形的面，或动态的面。

任何形态的面，都可通过分割或相接、联合等方法构成新的形态的面，呈现不同的风格，如图 3-49 所示。必须强调，点、线、面的空间形态不是绝对的，它们是通过比较而形成的，是相对的。

在卖场空间中，因不同的材料、不同的配置，空间内会形成不同的风格和特征。协调统一的处理原则是任何一种风格都应遵循的。一盏灯、一个门框，它们既有外在形式，也是设计师手中体现内在风格的元素。抽象的点、线、面及所形成的体，造型虽然具有明显的形式感，但无论哪一类方法的处理都有一个创新的过程。不同的点、线、面、体及其相互关系可以产生个性差异的

图 3-49 不同质感的物体，通过整洁的块面元素，使整个散乱的空间统一了起来，让空间充满了丰富的艺术性

不同变化，形成各种不同的界面和空间。

（1）表现结构的面。结构外露部分形成的面具有现代感和几何形体的美，形成吸引视线的绝对优势。如一些建筑的木结构顶棚、采光顶棚或一些暴露的设施排列，其本身就体现出材质美及韵律美，自然大方，体现科技感。

（2）表现材质的面。不同的材质体现不同的设计风格，如表现柔软质感的织物装饰、粗犷自然不加修饰的混凝土墙面、充满乡土气息的石头墙面等。

（3）表现光影的面。光影既可依附于界面，也可独立存在于空间。它既可是点状发光体的并列、连接，也可以是线状发光体的延伸，或通过内部技术手段使界面自身发光。顶棚的装修非常简单，但光影造成的界面可形成丰富动人的装饰效果。

（4）表现层次变化的面。顶棚的高低层次既有限定作用，也可以自然地降低或提升局部空间，增强领域感。墙面的层次既丰富设计语言，又可以从视觉上改变方向，形成空间的延伸。地面和吊顶在表现层次感的同时使视觉得以向内过渡，丰富了空间。

（5）面与面的过渡。顶棚与墙面、墙面与地面，在装修过程中用同一种材料过渡，可使两个面自然衔接，形成统一感与延伸感。

（6）运用图案的面。不同材料的图案化处理是烘托气氛的良好方法。如多彩的壁画既可增加环境的柔和感，也可给人以质感的享受；而图案生动的地毯可以成为室内装饰的重点；顶棚可通过材料图案化呈现不同的形式美感。娱乐场所里出现的整块台面的图案可更加突出娱乐性，成为室内吸引视线的一道风景。

（7）表现动感的面。动态的结构（如旋转楼梯）、光影的处理及特殊材质的运用，都可形成动感的面。

（8）表现倾斜的面。凹入的墙体、弧形的空间、倾斜的吊顶、灵活的悬挂体以及刻意修饰的斜面隔断，既可利用空间，又可丰富空间，同时也打破了我们常见的方形空间的呆板，使室内显得动感十足。

（9）趣味性的面。娱乐空间、儿童居室、美容厅里常营造带有趣味性的面，如生动的卡通造型使儿童精品店趣味横生。

（10）开各种洞的面。这种界面处理可以形成限定度和私密性小的开敞空间，易于与外部环境交流、渗透，与周围空间相融合。也可以在小面积的面上开洞作为装饰，如墙面和隔断的开洞可丰富层次，展示现代造型。地面也可开洞，设置图案灯箱，极富装饰性。

（11）仿自然形态的面。在装修中，各种石质、木质材料及织物都可达到仿真的目的，凭借材质接近自然，营造调节身心的绿色环境，这是现代室内装饰的一个趋势。

（12）主题性的面。运动图片或具象的图形衬托空间性质，如绘有与音乐、流行事物相关的壁画的酒吧，清晰地表达了主题。

（13）导向性的面。灯光的延续、空间的层次延伸都带有导向性。

（14）绿化植被的面。在阳光充沛的空间里植物的出现，别具一格而且充满生气。墙体可设置攀缘植物，隔断可设置垂挂植物，这样的绿色界面意境清幽，令人赏心悦目。

（15）运用虚幻手法的面。不同装饰材料的镶嵌与穿插（如镜面与墙面上其他材质），虚虚实实，利用视觉性形成不能即刻确定的虚幻空间。

运用、控制好界面的形式和风格是把握整体商店卖场空间的重要环节，也是形成空间内部的决定性因素。比如引进瀑布甚至阳光的自然界面可形成动态的空间；透明度高的隔断可以使小范围的空间与周围环境形成流动空间；不到顶的隔断又可形成多个小空间；表现层次的界面则可形成下沉空间或地面空间等。界面是物质的，装饰材料也是物质的，空间的形式既依赖于界面的形式，也与界面表现的肌理（如平滑的或粗糙的，抛光的或无光泽的等）相关。

（二）构图的基本法则

1. 协调、统一

室内设计中的协调、统一是基本的法则之一。设计师要把所有的设计要素和原则结合在一起，运用技术和艺术的手段去创造空间的协调和统一感，如图 3-50 所示，各种设计要素和原则必须综合为一个有机的整体，各种要素又在各自所处的条件下为设计的主题和气氛起到相应的作用。在卖场空间中过分地强调协调和统一也容易导致空间气氛单调、沉闷。一个好的设计应该既不单调又不混乱；既有起伏变化，又有协调统一。

2. 比例、尺度

比例就是物体三个方向量度间的关系。任何不完美的物体都有比例问题，只有比例和谐的物体才会产生美感。在室内设计中，各个空间的划分都有比较合适的比例和尺寸要求，并不是所有的比例和尺寸都可以随意修改或者调整。近些年，伴随着现代人生活质量的提升，设计人员也在积极尝试从空间划分的层面来适当地调整比例和尺寸，以确保其能够在最大限度上满足用户对环境的舒适性需求，尽可能保证用户在每一个室内空间都能够享受到最高的舒适度。

尺度是研究整体和局部时人们感觉上的大小和真实大小之间的关系。它和比例是相互联系的。凡是和人有关系的物体都有尺度问题，如建筑空间、日用品、家具等。

图 3-50　无印良品店内的陈列设计采用统一、协调的手法，看起来有整体感但又不显单调

为了方便使用，物体都必须和人体保持相应的大小和尺寸关系。对于小体量的物体，人们可以和人体直接进行比较或根据生活经验做出正确的比例与尺度判断，如图 3-51 所示。而卖场空间因为体量较大，人们难以用自身的大小去做比较，从而失去了敏锐的判断力。除了人自身的元素外，建筑中也采用习惯不变的尺寸作为比较、衡量尺度的标准，如以踏步、栏杆、座椅等的习惯高度作为量度的标尺。

图 3-51 采用合理比例的模特展架，形成视觉冲击力，突出了商品的展示效果

3. 均衡、稳定

均衡主要是指空间构图中各要素之间的相对的轻重关系，稳定则是指空间整体上下之间的轻重关系。

空间的均衡是指空间前后左右各部分的关系应给人以安定、平衡和完整的感觉，如图 3-52 所示。均衡最容易用对称的布置来取得，但也有不对称的均衡。对称的均衡体现严肃庄重，能获得明显的、完整的统一感。不对称的均衡容易取得轻快活泼的效果。室内设计中的均衡一方面是指整个空间的构图效果，它和物体的大小、形状、质地、色彩有关系；另一方面是指室内四个墙面上的视觉平衡，墙面构图集中在一侧，墙面不均衡，经过适当的调整后墙面构图可达到均衡。

空间各种物体的重感是由其大小、形状、色彩、质地所决定的。大小相同的两物体，深色的物体比浅色的物体显得要重一些，表面粗糙的物体比表面光滑的物体显得重一些，装饰过的墙面比光秃秃的墙面显得有分量。

4. 节奏、韵律

自然界中许多现象由于有规律的重复出现或有秩序的变化而产生韵律感。人们有意识地对其加以模仿和运用，从而创造出各种具有条理性、重复性和连续性的美的形式，这就是韵律美。节奏就是有规律的重复，各要素之间具有单纯的、明确的、秩序井然的关系，使人感到有规律的动感。韵律是节奏形式的深化，是情调在节奏中的运用。节奏富有理性，韵律富有感性。

（1）连续。连续的线条有流动的感觉，具有明显的条理性，如图 3-53 所示。连续的韵律美也可通过室内色彩、形状、图案或空间的连续和重复而产生。

（2）渐变。室内的线条、形状、明暗、色彩均可渐变。渐变的韵律要比连续的韵律更为生动，更富有吸引力，如图 3-54 所示。

图 3-52 书籍的摆放采用均衡的设计手法，得到了稳定的视觉效果

图 3-53 采用螺旋上升的流线型设计方式，赋予了空间流动性

图 3-54 上海陆家嘴地铁站，地面铺装用色阶渐变的方式，富有韵律感

（3）交错。各种组成要素按一定规律交织穿插而成，如一隐一现、一黑一白、一冷一暖、一大一小、一长一短等交错重复、有规律地出现，产生自然生动的交错的韵律美，如图 3-55 所示。

图 3-55 天津大悦城购物中心，休闲活动区域采用点、线交错的搭配形式，吸引了顾客的注意力

（三）空间序列

空间序列是一系列独立的空间场所的结合，它强调时间、空间和运动的连续性与顺序性，以行走路径作为载体，在运动的过程中，强调人在连续时间内对多个空间单元的一系列空间体验，这是认知和感受空间的一个过程。空间序列其实也受时间影响，在某事某刻，人们只能体验一个空间区域，但随着时间推移，视点随着行走路径变化，人们的视觉界面也随之发生变化，进而形成一系列连续景象，最终人们产生了对序列空间的行为感受体验。

空间以人为中心，人在空间中处于运动状态，并在运动中感受、体验空间的存在。空间序列设计就是处理空间的动态关系。空间的连续性和时间性是空间序列的必要条件，人在空间内活动感受到的精神状态是空间序列设计考虑的基本因素。空间的艺术章法则是空间序列设计主要研究的对象，也是对空间序列全过程构思的结果。

1. 序列全过程

（1）起始阶段。该阶段是序列的开始，它预示着将要展开的内容，应具有足够的吸引力和个性。

（2）过渡阶段。它是起始后的承接阶段，又是高潮阶段的前奏，在序列中起到承上启下的作用，是序列中的关键一环。它对最终高潮的出现具有引导、启示、酝酿、引发期待及引人入胜等作用。

（3）高潮阶段。高潮阶段是全序列的中心，是序列的精华和目的所在，也是序列艺术的最高体现。目的是让人在环境中激发情绪、产生满足感等种种最佳感受。

（4）结束阶段。这是序列设计中的收尾部分，主要功能是由高潮回复到平静，也是序列设计中必不可少的一环，精彩的结束设计，要达到使人去回味、追思高潮后的余音之效果。

2. 商业购物空间对序列的要求

不同性质的建筑有不同的空间序列布局，商业购物空间序列艺术手法有其序列设计章法。在现实丰富多彩的商业购物空间设计中，空间序列设计不会按照一个模式进行，有时需要突破常规，在掌握空间序列设计的普遍性外，注意不同情况的特殊性。一般来说，影响空间序列的因素如下。

1）商品序列长短的选择

序列的长短反映高潮出现的快慢以及为高潮准备阶段而对空间层次的考虑。由于高潮一出现，就意味着序列全过程即将结束。因此对高潮的出现不可轻易处置，高潮出现越晚，层次越多，通过时空效应对人心理的影响必然更加深刻。因此长序列的设计往往用于强调高潮的重要性、宏伟性与高贵性，因此序列可根据要求适当拉长。但有些建筑类型采用拉长序列的设计手法并不合适，如以讲效率为前提的超市、快餐店应尽量缩短序列，其室内布置应一目了然，层次愈少愈好，序列通过时间愈短愈好，减少消费者由于地点难找和面对迂回曲折的出入口而造成心理紧张。而对有充裕时间观赏游览的游客，为满足其尽兴而归的心理愿望，可将空间序列尽量拉长。

2）商品序列布局类型的选择

商场采用何种布局取决于建筑的性质、规模、环境等因素。一般序列格局可分为对称式和不对称式、规则式和自由式。空间序列线路可分为直线式、曲线式、迂回式、盘旋式、立交式、循环式等。

商品的陈列要注意研究消费者的购买心理，美化店容和店貌，以促进商品的销售。消费者进入商店，购买到称心如意的商品，一般要经过感知—兴趣—注意—联想—欲求—比较—决定—购买这个过程，也就是消费者的购买心理过程。针对消费者的这种购买心理特征，在商品陈列方面，必须做到易为消费者感知，要最大限度地吸引消费者，使消费者产生兴趣，引起消费者的注意，从而刺激消费者的购买欲望，使其做出购买决定，形成购买行为。因此，商品的陈列方式、陈列样品的造型设计、陈列的设备、陈列商品的花色等都要与消费者的购买心理相适应。

在商品的陈列方式上，尽可能地采用“裸露陈列”方式，使消费者能直接接触商品、选择商品。在陈列样品的造型设计方面，要讲求艺术美观、色彩协调，使消费者对陈列的商品产生兴趣，刺激消费者的购买欲望。在陈列的设备方面，要注意能使陈列的商品醒目、突出，能对消费者产生巨大的吸引力。陈列商品的花色要协调搭配，相互烘托，使商品的色彩保持和谐醒目，暗示消费者去使用陈列的商品。

3）高潮的选择

在商场空间中具有代表性的、反映商场性质特征的、集中一切精华所在的主体空间就是商场空间序列的高潮所在。高潮应反映在体现商场性质特征和一切精华所在的主体空间中，它是建筑的中心和参观来访者所向往的最后目的地。根据商场的性质和规模的不同，考虑高潮出现的位置和次数也不同，多功能、综合性、规模较大的建筑具有形成多中心、多高潮的可能性。即使如此，序列元素也有主从之分，整个序列似高潮起伏的波浪一样，从中可以找到最高的波峰，如共享空间和社交休息的空间就是整个商场中最引人瞩目和引人入胜的精华所在。

3. 空间序列的设计手法

序列空间是一系列表达构思、立意的空间，变化丰富，在不断变化的过程中形成了节奏。序列空间有次序地将人们带入一种曲径通幽的环境中去，就像小说的进程，以一个事件的起承转合作为文章的脉络，形成启景—发展—铺垫—高潮—再铺垫—结束的情感体验。

1）空间的导向性

指导人们行动方向的空间处理特性称为空间的导向性。采用导向的手法是空间序列设计的基本手法，它以空间处理手法引导人们行动的方向，使人们进入该空间就会随着空间布置而行动，从而实现空间的物质功能和精神功能。良好的交通路线设计不需要指路标和文字说明牌，而是用空间所特有的语言传递信息，与人对话。常见的导向设计手法是采用统一或类似的视觉元素进行导向，相同元素的重复产生节奏，同时具有导向性。设计时可运用形式美学中各种韵律构图和具有方向性的形象作为空间导向的手法，如连续的货架、列柱、装修中的方向性构成、地面材质的变化等均可强化导向，通过这些手法暗示或引导人们行动的方向和注意力。因此，卖场空间的各种韵律构图和象征方向的形象性构图就成为空间导向的主要手法，如图 3-56 所示。

2）视觉中心

在一定范围内引起人们注意的目的物称为视觉中心。导向性只是将人们引向高潮的引子，最终的目的是导向视觉中心，使人领会到设计的诗情画意。空间的导向性有时也只能在有限的条件下设置，因此在整个序列设计过程中，还必须依靠在关键部位设置引起人们强烈注意的物体以吸引人们的视线，勾起人们向往的欲望，控制空间距离。如中国园林以廊、桥、矮墙为导向，利用虚实对比、隔景、借景等手法，以寥寥数石、一池浅水、几株芭蕉构成一景，虚中有实；或通过空间、家具、屏风、亭台楼榭等将空间处理成先抑后扬、先暗后明、先大后小、千回百转的效果。而视觉中心是指一定范围内引起人们注意的目的物，其可被视为在这个范围内空间序列的高潮，如图 3-57 所示。

图 3-56 天津大悦城购物中心，造型夸张的空间装置设施既有装饰效果，也起到了空间导向的作用

图 3-57 香港海港城的女鞋专卖店，在室内中央搭建的商品展示物既形象地展示了商品独特的文化，又是吸引顾客顿足的视觉中心

第二节 商业购物空间的色彩设计理念

一、色彩的形象性

（一）色彩的心理作用

作为装饰手段，色彩因能改变商店卖场的外观与格调而受到重视。色彩不占用商场空间，不受空间结构的限制，运用方便灵活，最能体现卖场的个性风格。

1. 色彩与心理

每一种颜色都具有特殊的心理作用，能影响人的温度知觉、空间知觉甚至情绪。色彩的冷暖感起源于人们对自然界某些事物的联想。例如红、橙、黄等暖色会使人联想到火焰、太阳，从而有温暖的感觉，如图 3-58 所示；白、蓝和蓝绿等冷色会让人联想到冰雪、海洋和林荫，从而感到清凉，如图 3-59 所示。

2. 色彩与空间感

色彩的彩度、明度不同还能造成不同的空间感，可产生前进、后退、凸出、凹进的效果。明度高的暖色有突出、前进的感觉，明度低的冷色有凹进、远离的感觉。色彩的空间感在商店卖场

图 3-58 粉红色调的橱窗温馨浪漫

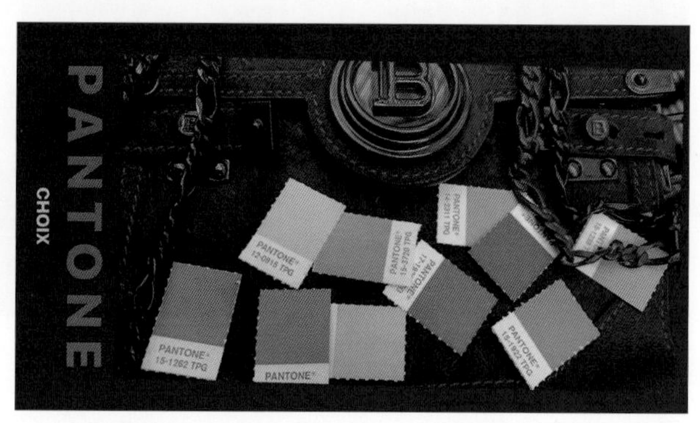

图 3-59 深蓝色调的橱窗安静、高贵

布置中的作用是显而易见的，如图 3-60 和图 3-61 所示。在空间狭小的卖场里，用可产生后退感的颜色使墙面显得遥远，可赋予商店卖场开阔的感觉。

图 3-60 冷色调的室内空间效果，墙面有了后退感，空间显得更大

图 3-61 暖色调的室内空间效果，有一种亲近感和温馨感

3. 色彩与人的情绪

色彩的明度和纯度也会影响到人们的情绪。明亮的暖色给人以活泼感，深暗色给人以忧郁感。白色和其他纯色组合会使人感到活泼，而黑色则是忧郁的色彩。这种心理效应可以被有效地运用。例如，自然光不足的卖场使用明亮的颜色，使商店卖场笼罩在一片亮丽的氛围中，会使人感到愉快。

4. 墙壁用色

墙面的色彩构成了整个卖场色彩的基调，商品、照明、饰物等的色彩分布都受到它的制约。墙面色彩的确定首先要考虑商店卖场的朝向。南向和东向的卖场光照充足，墙面宜采用淡雅的浅蓝、浅绿等冷色调；北向卖场或光照不足的卖场，墙面应以暖色为主，如奶黄、浅橙、浅咖啡等色，不宜用过深的颜色。 墙面的色彩选择要与商品的色彩、室外的环境相协调。墙面的色彩对商品起衬托作用，墙面色彩过于浓郁凝重，则起不到背景作用，所以宜用浅色调，不宜用过深的色彩。如果室外是绿色地带，绿色光影散射进入商店卖场，用浅紫、浅黄、浅粉等暖色装饰的墙面则会营造出一种宛如户外阳光明媚般的氛围；若室外是大片红砖或其他红色反射，墙面以浅黄、浅棕等色装饰，可给人一种流畅的感觉。

5. 色彩心理学对商店卖场的影响

红、黄、橙色能使人心情舒畅，产生兴奋感；而青、灰、绿色等冷色系列则使人感到清静，甚至有点忧郁。白、黑色是视觉的两个极点，研究证实黑色会分散人的注意力，使人产生郁闷、乏味的感觉，长期生活在这样的环境中，人的瞳孔放大，感觉麻木，久而久之，会对人的健康、寿命产生不利的影响。把卖场都布置成白色，有素洁感，但白色的对比度太强，易刺激瞳孔，使其收缩，诱发头痛等。

正确地应用色彩美学，有助于改善购物条件，如图 3-62 所示。宽敞的商店卖场采用暖色装修，可以避免卖场给人以空旷感；卖场小的空间可以采用冷色装修，在视觉上让人感觉大些。人少冷清的商店卖场，配色宜选暖色，人多喧闹的商店卖场宜用冷色。在严寒的北方，商店卖场的墙壁、

图 3-62 天津大悦城购物中心 HEA专卖店，店面设计冷暖色相互呼应，充满了热情，让人产生兴奋感

地板、商品、窗帘选用暖色装饰会给人温暖的感觉，如图 3-63 所示；反之，南方气候炎热潮湿，采用青、绿、蓝色等冷色装饰商店卖场，会使人感觉比较凉爽。

图 3-63 德国慕尼黑宝马博物馆店面设计，暖色的装饰充满了热情，蓝色的装饰照明让人产生兴奋感，进行了恰到好处的烘托与渲染

（二）色彩与视觉

1. 决定颜色感觉的三种因素

（1）物体表面将照射光线反射到主体的性质。这种性质取决于物体表面的化学结构与组成、表面物理与表面几何特性。

（2）照明光源的性质。这是指光源的波长构成特性——光能在相关视觉波段范围内的能量分布，就光源的色品质量而言，也就是它的色温。

（3）眼睛的感色能力。其主要取决于视网膜上的视神经系统的光线感受能力和处理、传送光刺激的能力。

2. 色彩视觉的三要素

1）色相

色相是色彩的一种最基本的感觉属性，这种属性可以使我们将光谱上的不同部分区别开来，即按红、橙、黄、绿、青、蓝、紫等色彩感觉区分色谱段。缺失了这种视觉属性也就无所谓色彩了，就像全色盲人的世界那样。根据有无色相属性，外界引起的色感觉可分成两大体系——有彩色系与非彩色系。

（1）有彩色系是具有色相同性的色觉，具有色相、饱和度和明度三个量度。

（2）非彩色系是不具备色相属性的色觉，只有明度一种量度，其饱和度等于零。

2）饱和度

饱和度是使我们对有色相属性的视觉在色彩鲜艳程度上做出评判的视觉属性。有彩色系的色彩鲜艳程度与饱和度成正比，根据人们使用色素物质的经验，色素浓度愈高，颜色愈浓艳，饱和度也愈高。描述饱和度感觉的程度词有“浓”“淡”“深”“浅”等。非彩色系是饱和度等于零的状态，正如同我们在彩色显示器上将色彩逐渐调淡，到最后便成了黑白画面一样。

生理学研究表明，人的眼睛对不同色彩的饱和度感觉是不一样的。红色的光对眼睛刺激强烈，绿色的光对眼睛刺激最弱，饱和度低。因此，中国大街小巷跑的红色出租车从视觉科学角度来讲，其实是一种视觉污染，没有人喜欢长时间盯着红色的出租车，这么多的红色会引起人烦躁不安的情绪。而司机之所以选择红色的理由无非有两条，一是红色车价格便宜（红色涂料易得到），另一个理由即中国人喜欢红色的吉利寓意。

3）明度

明度是可以使我们区分出明暗层次的非彩色觉的视觉属性。这种明暗层次取决于亮度的强弱，即光刺激能量水平的高低。请注意，不要对这一定义产生误解，即并非有彩色系便没有明度属性，只是强调明度这一视觉属性是排开色相属性的，只涉及明暗层次的感觉，就像用黑白全色胶卷拍照片，只记录明暗层次而不记录色相那样。根据明度感觉的强弱，颜色从最明亮到最暗可以分成三段水平：白——高明度端的非彩色觉；黑——低明度端的非彩色觉；灰——介于白与黑之间的中间层次明度感觉。绘画中的素描和不着色的雕塑就是利用这种明度层次来表现艺术主题的。

科学研究发现，我们眼睛的明暗层次感随光线变暗而变得迟钝起来。当光线弱时，我们不太能分得清明暗层次；同样在强光下，眼睛对明暗层次也会变得迟钝。研究还发现，人眼睛在 555 nm 的黄绿色段上视觉最敏感，因此，从打动知觉能力的强弱角度看，略带黄绿的色光最醒目。人们还发现，人眼的光谱敏感度也是与亮度水平有依赖关系的。在低亮度水平下，光谱机敏度曲线会向短波方向平移，使人眼对短波系列的色彩变得更为敏感。这使得拂晓之前和日暮之后的室外景色变得幽蓝，蓝紫色的花草或物体变得醒目起来，夜色总是一派乌蓝景象便是这个原因。这为我们设计户外广告提供了科学的参考依据。我们可以根据各个地方的日照特点和不同的环境，设计、选择醒目的色彩基调，同时根据广告牌的面积和高度选择合适的光照强度。

（三）视觉适应效果

视觉适应主要包括距离适应、明暗适应和色彩适应三个方面。

1. 距离适应

人的眼睛能够识别一定区域内的形体与色彩，这主要是基于人的视觉生理机制具有调整远近距离的适应功能。眼睛构造中的水晶体相当于照相机中的透镜，可以起到调节焦距的作用。由于水晶体能够自动改变厚度，才能使映像准确地投射到视网膜上。这样，人可以借水晶体形状的改变来调节焦距，从而可以观察远处和近处的物体。

2. 明暗适应

明暗适应是日常生活中常有的视觉状态。例如，从黑暗的屋子突然来到阳光下时，人的眼前会呈现白花花的一片，稍后才能适应周围的景物，这一由暗到明的视觉过程称为“明适应”。如果暗房亮着的灯光突然熄灭，眼前会呈现黑黝黝的一片，过一段时间视觉才能够调整到对这种暗环境的适应上，并逐渐看清暗房内的物体和轮廓，这是视觉的“暗适应”。

视觉的明暗适应能力在时间上是有较大差别的。通常，暗适应的过程为 5 ~ 10 min，而明适应仅需 0.2 s。人眼这种独特的视觉功能主要通过类似于照相机光圈的器官——虹膜对瞳孔大小的控制来调节进入眼球的光量，以适应外部明暗的变化。光线弱时，瞳孔扩大，而光线强时，瞳孔则缩小。因而在任何光亮度下，人们都能较容易地分形辨色。

3. 颜色适应

这里有个有趣的故事。法国国旗为红白蓝三色，当时在设计时，该旗帜的最初色彩搭配方案为完全符合物理真实的三条等距色带，可是这种色彩构成的效果总使人感到三色间的比例不够统一，即白色显宽，蓝色显窄。后来在有关色彩专家的建议下，色彩面积比例被调整为红 : 白 : 蓝 = 33:30:37 的搭配关系。至此，法国国旗显示出符合视觉生理等距离感的特殊色彩效果，并给人以庄重神圣的感受，这说明光的颜色会使人的眼睛产生形状、大小方面的错觉。

受色光影响而发生视错的现象是著名的柏金赫现象。据国外科研机构测定，红色在 680 nm 波长时，其在白色光照中的明度要比蓝色（480 nm 波长）时的明度高出近 10 倍。而在夜晚，蓝色的明度则要比红色的明度高出近 16 倍。对视觉来说，白天，光谱上波长长的红光显得鲜艳明亮，而波长短的蓝光则显得相对平淡逊色。但到了夜晚，当光谱上波长短的蓝光迷人惹眼时，波长长的红光则显得黯淡含蓄。换句话说，随着光亮条件的变化，人眼的适应状态也在不断地调整，对光谱色的视感也与之同步转换。由于这一现象是 1852 年捷克医学专家柏金赫在迥异光亮条件下的书屋观察相同一幅油画作品时偶然发现并率先提出的，故此现象称为柏金赫现象。

研究柏金赫视错的现实意义，就是引导色彩应用者在今后的艺术设计活动中，要注意扬长避短地组合好特定光亮氛围中的色彩搭配关系，从而尽量避免尴尬色彩现象的出现。如在创作一幅用于悬挂在较暗商店卖场环境中的磨漆画时，在色彩构成方面，不宜配置弱光中反射效果极差的红、橙等暖润色，否则不仅起不到任何装饰效用，反而会使墙面显得更加沉闷。但是如果画面选用有少许光亮便能熠熠生辉的蓝、绿等冷色调搭配，就会使整个作品充满美丽诱人的意趣。这对于幽静的环境而言，无疑是一种恰到好处的烘托与渲染。

（四）心理性视错

色彩视觉因受心理因素——知觉活动的影响而产生的一种错误的色彩感应现象称为心理性视错或视差。连续对比与同时对比都属于心理性视错的范畴。

1. 连续对比

连续对比指人眼在不同时间段内所观察与感受到的色彩对比视错现象。从生理学角度讲，物体对视觉的刺激作用突然停止后，人的视觉感应并非立刻全部消失，而是该物的映像在人脑中仍然暂时存留，这种现象又称为“视觉残像”。视觉残像分为正残像和负残像两类。视觉残像的形成是眼睛连续注视的结果，是神经兴奋所留下的痕迹引发的。

正残像又称“正后像”，是连续对比中的一种色觉现象。它是指物体的视觉刺激停止后，视觉仍然暂时保留原有物色映像的状态，也是神经兴奋有余的产物。如凝注红色物体，当将其移开后，眼前还会感到有红色浮现。通常，残像暂留时间为 0.1 s 左右。大家喜爱的影视艺术就是依据这一视觉生理特性而创作完成的。电影或电视节目将画面按每秒 24 帧连续放映，眼睛就观察到与日常生活相同的视觉体验。

负残像又称“负后像”，是又一种连续对比的色觉现象，指物体的视觉刺激停止后，视觉依旧暂时保留与原有物色成补色映像的视觉状态。通常，负残像的反应强度同凝视物色的时间长短有关，即持续观看时间越长，负残像的转换效果越鲜明。例如，当久视红色后，视线迅速移向白色时，人所看到的并非白色而是红色的补色——绿色；如久观红色后，再转向绿色时，则会觉得绿色更绿；而凝注红色后，再移视橙色时，则会感到该色较暗。

据科学研究成果报告，这些视错现象都是因视网膜上锥体细胞的变化而造成的。如当我们持续凝视红色后，把眼睛移向白纸，这时由于红色感光蛋白原长久兴奋引起疲劳，转入抑制状态，而此时处于兴奋状态的绿色感光蛋白原就会“乘虚而入”，故此，通过生理的自动调节作用，白色就会呈现绿色的映像。除色相外，科学家证明色彩的明度也有负残像现象，如白色的负残像是黑色，而黑色的负残像则为白色等。利用眼睛的这个特点，在设计户外大型喷绘广告时，设计师可以采用大对比颜色给观众留下深刻印象，如高速公路旁边的立柱广告。

2. 同时对比

同时对比指人眼在同一空间和时间内所观察与感受到的色彩对比视错现象，即眼睛同时接收到相异色彩的刺激后，使色觉发生相互冲突和干扰而造成的特殊视觉色彩效果。其基本规律是在同时对比时，相邻接的色彩会改变或失掉原来的某些特性，并向对应的方面转换，从而展示出新的色彩效果和活力。

一般来说，色彩对比越强烈，视错效果愈显著。例如，当明度各异的色彩参与同时对比时，明亮的颜色显得更加明亮，而黯淡的颜色则会更加黯淡；当色相各异的色彩同时对比时，邻接的各色会偏向于将自己的补色残像推向对方，如红色与黄色搭配，眼睛时而把红色感觉为带紫味的颜色，时而又把黄色视为带绿味的颜色；当互补色同时对比时，由于受色彩对比作用的影响，双方均显示出鲜艳饱满的色调，如红色与绿色组合时，红色更红，绿色更绿，在对比过程中，红与绿都得到了肯定及强调；当纯度各异的色彩同时对比时，饱和度高的纯色将会更加艳丽，而饱和度低的纯色则黯然失色，霓虹灯的色饱和度最高，因此霓虹灯的色彩在晚上也最诱人、最醒目；当冷暖各异的色彩同时对比时，冷色让人感到冷峻和消极，暖色令人觉得热烈与主动；当有彩色系与无彩色系的颜色同时对比时，有彩色系颜色的色觉稳定，而无彩色系的颜色则明显倾向有彩色系的补色残像。如红色与灰色并列，灰色会自动呈现绿灰的效果。

同时对比这种视错现象曾被许多艺术家们关注及运用。而真正以科学的观念去系统地认识、表达和总结这种色觉现象的画家、科学家应是意大利文艺复兴时期的达•芬奇，他把具有同时对比性质的黑与白、黄与蓝、红与绿等各颜色从其他色彩中分离出来，并根据主题和艺术创作的需要，将它们巧妙地构成到给定的造型中去，从而使画面展示出不同凡响的色彩美感。

综上所述，无论是同时对比还是连续对比，其实质都是为了适合于视觉生理与视觉心理平衡的需要。从生理上分析，视觉器官对色彩具有协调与舒适的要求，凡满足这种条件的色影或色彩关系，就能取得色彩的生理和谐效果。

（五）色彩窥视心灵的颜色

第一位以心理学方式研究颜色的卢休指出，颜色的嗜好也显示出人对异性的态度和日常生活状态。换句话说，对不同色彩的喜恶可以反映出一个人心中潜藏的愿望。这里有八种颜色，A—绿色，B—茶色，C—蓝色，D—紫色，E—红色，F—橘色，G—白色，H—黄色，按“讨厌”程度由强到弱的顺序排序，被你排在末位的是哪种颜色？这种颜色是了解你的性格的关键。但是有一点必须注意的是，不要与喜好的服装颜色相混，请你直接选出感觉深刻的色彩作答。

（1）将绿色排在末位的人。绿色是红与蓝的中间色。挑选绿色的人在性格上既有行动力，同时又能沉静思考，拥有截然不同的两种特质，也就是兼具优雅与理性，能忍受寂寞又谨慎保守；行事不会逾越本分，非常明白自我的立场。由于性情冷静，他们无论面对任何事都能冷静处理，而且绝不感情用事，所以深受别人信赖；对于别人的请求或委托，总是欣然接受。

（2）将茶色排在末位的人。茶色是深沉而朴素的颜色。喜欢这个颜色的人，服装方面也偏爱不华丽但富有韵味的款式。正因为这种倾向，他们很在乎事物内层的精神性表现，所以能了解人世间的寂寥、孤寂。虽然他们的存在并非引人注目，但是他们内在却具有良好的潜质，由于诚实又富有责任感，很容易被别人接纳，但是，有时太过于孜孜不倦，而显得有些不知变通。此外，对于容易明白的事情，他们偶尔会用力过度，做无谓的深刻思考。

（3）将蓝色排在末位的人。蓝色是天空和海洋的颜色，象征冷静和浪漫。蓝色令你心情安定沉静，同时提高了想象力。喜好蓝色的女性善良并具有丰富的感受力，容易感伤，对人也十分敏感，一个人独处时，常无法忍受孤寂。他们希望被温暖的爱所包围，个性朴实，容易得到他人的好感。

（4）将紫色排在末位的人。紫色是红和蓝（两个性格极端的颜色）混合而成，因此，这种颜色充满着神秘且不可理解的复杂情调。喜欢这种颜色的人可以说是艺术家类型的人，内心强烈渴求世人肯定你的才能，有时显得太过虚荣，装饰过度。面对知心朋友，不妨坦率以待，但是由于平时内向又性情不定，旁人很难理解他们真正的想法。

（5）将红色排在末位的人。红色是代表精心和行动的颜色，而红色的食物或饮料也通常具有提神醒脑的功能。喜欢红色的人个性积极，充满斗志，而且意志坚强，不轻易屈服，凡事依照自己的计划行事，一旦无法实现便觉不顺心。尽管如此，不管碰到多少困难，这种精力充沛的人都不易被轻易打倒。

（6）将橘色排在末位的人。喜欢橘色的人具有出众的社交性格，可以与任何人融洽相处。这种人最适合从事推销员、空姐、旅馆服务员等工作，他们经常笑脸迎人，先向人打招呼问好；喜欢与人相处，不喜欢独处；喜欢上别人时，通常以朋友的身份爱慕对方，而不会大胆热情地直接追求。另外，这种人非常喜欢新鲜事物或是稀奇古怪的东西，对人生拥有永不熄灭的热情。

（7）将白色排在末位的人。白色象征单纯。偏爱白色的人大多不会将自己的感情清楚地流露在外；看待事物不会单取外表的光辉璀璨，会进一步探索其内在的本质。他们的存在绝不是光芒万丈，因为他们本身不爱好表现，其实他们拥有不少突出的优点，如个性实在，做事努力认真，责任感强，所以深受他人信赖。

（8）将黄色排在末位的人。与金属相结合的黄色是理论性思考事情的“理智之色”。黄色容易使人提高自制力和注意力。喜好黄色的人大多属于理论家类型，虽然才能出众，却容易恃才傲物。由于他们自尊心强，又对自己的能力极具信心，因此，经常希望得到别人的肯定和赞赏。尽管如此，他们有时又能温顺服从，表现出合作的个性，由此而言，毫无疑问，爱好黄色的人是生命力强胜的人。

二、色彩运用

卖场销售区域的设计是商品特点和品牌特色的直接反映。品牌的定位或高雅、或传统、或时尚都会通过销售区域的设计得到体现，门店设计实际上也是设计师在应用艺术设计体现业主及商品的经营宗旨。

（一）商店卖场色彩的功能

1. 形式和色彩服从功能

商店卖场的色彩应能满足功能和精神需求，目的在于使人们感到舒适。在功能要求方面，首先应认真分析每一处空间的使用性质，如儿童专卖与妇女专卖、商品专卖与食品专卖，由于使用对象不同或使用功能有明显区别，空间色彩的设计就必须有所区别，如图 3-64 所示。

2. 力求符合空间构图需要

商店卖场的色彩配置必须采用空间构图原则，充分发挥卖场色彩对空间的美化作用，正确处

图 3-64 天津大悦城购物中心dyson店面设计，深色的色彩非常符合产品的定位

理协调和对比、统一与变化、主体与背景的关系，如图 3-65 所示。在商店卖场色彩设计中，首先要定好空间色彩的主色调。色彩的主色调在商店卖场气氛中起主导中润色、陪衬和烘托的作用。形成商店卖场色彩主色调的因素有很多，主要有商店卖场色彩的明度、色度、纯度和对比度。主色调还要处理好统一与变化的关系，有统一而无变化，达不到美的效果，因此，要求在统一的基础上求变化，这样，容易取得良好的效果。为了取得统一又有变化的效果，大面积的色块不宜采用过分鲜艳的色彩，小面积的色块可适当提高色彩的明度和纯度。此外，商店卖场的色彩设计要体现稳定感、韵律感和节奏感。为了达到空间色彩的稳定感，设计可采用上轻下重的色彩关系。

图 3-65 天津大悦城购物中心专卖店设计，大面积的灰绿色调配上局部的红色，烘托出了商店的气氛

商店卖场色彩的起伏变化应形成一定的韵律和节奏感，注重色彩的规律性，切忌杂乱无章。

3. 利用商店卖场的色彩改善空间效果

充分利用色彩的物理性能和色彩对人心理的影响，可在一定程度上改变空间尺度、比例、分隔、渗透空间给人的感受，改善空间效果，如图 3-66 所示。例如商场空间过高时，可用近感色，减弱空旷感，提高亲切感；墙面过大时，宜采用收缩色；柱子过细时，宜用浅色；柱子过粗时，宜用深色，减弱笨粗之感。

注意民族、地区和气候条件并符合多数人的审美要求是商店卖场设计的基本规律，但对于不同民族来说，由于生活习惯、文化传统和历史沿革不同，其审美要求也不同，因此，既要掌握一般规律，又要了解不同民族的特殊习惯、不同地理环境和气候条件。

图 3-66 天津大悦城购物中心暗黑的柱子配以绚烂的紫色，增强了空间的渗透感，改善了空间效果

（二）商店卖场空间中的色彩设计

商店卖场空间内部的色彩及色光对人的活动、情绪、空间气氛都具有一定的影响，可运用其基本规律和美学法则进行整体色彩环境设计。根据人们对色彩的生理反应，当观察的物体具有色彩时，其背景应为物体颜色的补色，使人的眼睛在背景上获得平衡和休息，同时强烈的视觉刺激加强了顾客对商品的印象。在陈列着大量商品的商店卖场空间中，由于商品本身的五彩缤纷，鲜艳夺目，其背景应尽量保持中性，形成对比，以无彩色系较为多用，如灰色以淡雅朴素的背景衬托出商品自身，统一的光色成为重要的设计要素，避免了斑斓炫目、杂乱无章。各个楼层还可用不同色彩进行区分，便于顾客识别。顶棚宜用浅色，这样营业厅显得宽敞明亮。

不同种类的商品可结合本身特性与小空间一起进行色彩设计。如有的化妆品品牌有固定的柜架，其空间色彩处理应与商品统一考虑，进一步突出商品的特性和定位。而作为顾客逗留、观赏的交往空间，局部和小面积空间的用色可大胆而强烈，形成欢乐、热烈的气氛，有动感，以激起顾客兴奋、活跃的心情，但也要考虑到顾客长时间停留在这种气氛中易感到劳累。设计对入口、通道和垂直交通处可采用醒目的色彩处理，以吸引和引导人流。中庭空间可用对比色形成兴奋、热情、欢快的空间效果，而就餐区域则应较安静，可用柔和的色彩进行设计。

上述诸因素对商店卖场空间气氛的形成起着重大的作用。设计师应利用光的物理功能、人们对光的生理、心理感受以及社会习俗、历史积淀等人文因素对色彩的既定概念等激起人们情感上的联想，进一步增强室内空间及商品的感染力。

与居住空间、办公空间相比，商业购物空间设计中的色彩更加鲜艳，对比更加强烈，以吸引人们的注意力，取得较好的经济效益，如图 3-67 和图 3-68 所示。

图 3-67 德国柏林一家食品展台的装饰，可以看出其墙面、顶棚、地面的处理非常简单，均为平面且无任何造型，但其绿色的立柱和货架在白色顶棚、墙面以及浅色地面的衬托下非常醒目，色彩非常鲜明

图 3-68 当代艺术博物馆，各个元素色彩鲜明、互为补充、相得益彰

第三节 商业购物空间的照明设计理念

零售市场不断变化和细分，消费者的消费行为和心理活动日趋复杂化，零售商、商店如何树立和强化自己的品牌形象，以使自己的品牌形象、概念和特点区别于其他商店，怎样吸引、取悦和留住客户就成了现代商店最为关心的问题。为达到这种目的，作为零售商、商店有多种选择，但照明（Lighting）是最为有效的手段之一，具有相对便宜的投资，它最容易吸引目标顾客驻足、流连在你店铺的橱窗前。

一、商店照明的作用

商店照明的具体功能可概括为以下五点。

（1）吸引、引诱顾客。

（2）吸引购物者的注意力。

（3）创造合适的环境氛围，完善和强化商店的品牌形象。

（4）创造购物的氛围，引导消费者的情绪，刺激消费。

（5）以最吸引人的光色使商品的质感生动鲜明。

商店照明最根本的功能是能够帮助零售商、商店强化购买行为分析中的驻足、吸引和引诱“三部曲”，这三部曲是消费者最终完成购买的前奏。正如我们在第一部分“变化趋势”一节中所指出的，人们已经由计划购物向随机的冲动购物转变，由必要消费向奢侈消费（超出必要程度的任何消费）转变。这种转变是因经济富足和未来学家奈斯比特所说的作为高技术的代偿，而产生的只要我喜欢，就买回家去的“高情感”，也许家里已经有了几件类似用途的东西。这有点像社会学家经常调侃的那样，说女人在购物时，理智常常瞬时短路，明明衣柜里被 20 条长裙塞满，偏偏还要再买第 21 条。在这样的购买行为和购买心理条件下，用照明“吸引”和“引诱”顾客，创造迷人的购物氛围，就显得非常重要了，如图 3-69 所示。

1. 商店照明的作用

现代商店照明是非常复杂的。评价标准一方面基于物理学的对于照明质量和效果的客观评价，这是经过实验以后被量化的物理量，如照度、色温度、照明的均匀性、显色性指数等照明标准；

另一方面是视觉印象的，以及由视觉印象所唤起的情感、趣味等非量化的对照明的主观感觉和评价。大量的视觉心理学试验成果表明，在实际的光环境中照明质量似乎控制着数量，并决定着感觉和趣味的评价。因此，照明设计和研究重点不应局限在传统的基于电气工程学的照明科学上，而应该向光的视觉生理学、心理学、色彩心理学以及照明美学等方面转移，并展开交叉研究。否则，我们对光的知识就是一堆残缺不全的碎片，无法圆满地解释一个好的照明设计能够影响人的购买行为和购买心理。

图 3-69 新天地商业空间，精致的照明设计让商品更精美，更能凸显档次

就像闪电的光让人恐惧，而彩虹和极光却能抚慰和鼓舞人们的灵魂一样，光以各种方式介入我们的生活和环境，深深地影响着我们的心理和精神。在此，我们借助视觉生理学、心理学、色彩心理理论的研究成果，概括地解释照明是在怎样的机理下吸引和引诱顾客购买这种行为的。

（1）一般来说，消费者进入购物中心时，首先要进行视觉观察。视觉生理学研究表明，眼睛的感色能力（感光能力）主要取决于视网膜上视神经系统的光线感受能力和处理、传递光刺激的能力，换句话说，人们在观察事物的时候，实际上是在接受观察对象反射光的能量刺激。消费者在购物中心观察时，哪一个品牌的店铺能够被注意到，取决于商店橱窗的光辐射能水平的高低。这是我们研究商店橱窗照明的基础。

（2）科学研究发现，人眼的光谱敏感度对亮度水平有依赖关系，在低亮度水平下这条光谱敏感度曲线将会向短波方向平移，使人眼对短波辐射的光色变得相对敏感起来；反之，则向长波方向平移，对长波辐射的色彩变得敏感。这就是光色品质偏于暖白色的商店照明能够在照度水平普遍较高的购物中心吸引顾客的秘密。

（3）商店照明中强调亮度对比，在相同的平均照度下，高对比度的商品更容易产生良好的视觉效果，商品更生动好看。但这仅仅是问题的一个方面，其实这是为了适应视觉生理与视觉心理平衡的需要。从生理上讲，视觉器官对光色和明暗有协调与舒适的要求，凡满足这种条件的光色和明暗关系，就能取得生理和谐的效果，如图 3-70 所示。关于这一点，较早研究色彩生理、心理学和色彩美学的科学家如歌德、埃瓦尔德•赫林都得出过类似的结论，伟大的艺术教育家、理论家和画家约翰内斯•伊顿在他的《色彩艺术》一书中指出：“如果我们观察黑底上的白色方块，然后把目光移开，这时作为视觉残像出现的是一个黑色方块，反之亦然……眼睛倾向于为自己重建一种平衡状态……因此，我们视觉器官的和谐意味着一种精神生理学的平衡状态，在这种状态中，物质的异化与同化是相等的。中性灰色就能产生这种状态。”

较新的科学研究报告进一步通过对“视网膜上锥体细胞的变化”和“感光蛋白原”等神经生

图 3-70 上海新天地商业空间，休息处的照度大大提高，与周围的光线形成强烈的对比，使顾客产生家的感觉

理层次的研究，证明了这一点。合乎比例的亮度对比、明暗对比使视觉满意、感到和谐，这种和谐使人产生愉悦的心情，这样的心情容易让消费者做出购买的决定。这是在视觉印象的层次上，恰当的光色和光环境对顾客做出购买决定的非直接作用。

（4）当光色激起了我们的视觉兴趣，当我们被光环境和谐的明暗对比所打动，当光与影的变化和明暗对比表现出深度和广度……由光色气氛给顾客带来的视觉印象能够唤起人喜爱的、迷人的等心理情感方面的活动。这是促成顾客决定购买商品的高级心理活动。康定斯基在《论艺术的精神》中断言：现在，在心理学领域内“联想”理论再也不能令人满意了。一般来说，色彩直接影响着精神。当然，在情感、审美的心理层次上，因人的出身、环境和教养的不同，会表现出群体和个体的差异。但这恰恰适合顾客目标非常清晰的高级商品专卖店。

2. 现代商店对照明的要求

（1）通过照明改进商品陈列的效果。

（2）节能。

（3）以更多的光吸引更多的顾客。

二、商店的照明方式

（一）自然采光

室内对自然光的利用通常称为“自然采光”。自然采光可以节约能源，并且让人的视觉更为习惯和舒适，心理上更能与自然接近、协调。根据光的来源方向以及采光口所处的位置，自然采光分为侧面采光和顶部采光两种形式。

侧面采光有单侧、双侧及多侧之分，而根据采光口高度的位置不同，可分为高侧、中侧、低侧光。侧面采光可选择良好的朝向和室外景观，光线具有明显的方向性，有利于形成阴影。但侧面采光只能保证有限进深的采光要求（一般不超过窗高的两倍），更深处则需要人工照明来补充。一般的采光口置于 1 m 左右的高度，有的场合为了利用更多墙面（如展厅为了争取更多的展览面积）或为了提高房间深处的照度（如大型厂房等），将采光口提高到 2 m 以上，称为高侧窗。除特殊原因外（如房屋进深太大，空间太广外），建筑一般多采用侧面采光的形式。

顶部采光是自然采光利用的基本形式，光线自上而下，照度分布均匀，光色较自然，亮度高，效果好，如图 3-71 所示。但上部有障碍物时，照度会急剧下降。由于垂直光源是直射光，容易产生眩光，不具有侧向采光的优点，故常用于大型车间、厂房等。

图 3-71　天津大悦城购物中心中庭的自然光照明

（二）人工照明

人工照明又称为灯光照明或室内照明，它是夜间主要光源，同时又是白天室内光线不足时的重要补充。人工照明环境具有功能和装饰两方面的作用 。从功能上讲，空间内部的天然采光要受到时间和场合的限制，所以需要通过人工照明补充，在室内造成一个人为的光亮环境，满足人们视觉的需要。从装饰角度讲，除了满足照明功能之外，人工照明还要满足美观和艺术上的要求，如图 3-72 所示。功能与装饰两方面是相辅相成的。根据空间功能不同，两方面的比重各不相同，如工厂、学校等场所的照明需从功能来考虑，而在休息、娱乐场所，照明设计则强调艺术效果。人工照明 、 自然采光在进行室内照明的组织设计时，必须考虑以下几方面因素。

图 3-72　天津大悦城购物中心书店设计，粗糙的墙面配上洁白细腻的灯光照明，使空间具有强烈的冲击感和艺术性

（1）光照环境质量因素。合理控制光照度，使工作面照度达到规定的要求，避免光线过强和照度不足两个极端。

（2）安全因素。在技术上给予充分考

虑，避免发生触电和火灾事故，这一点在公共娱乐场所尤为重要，因此，必须考虑安全措施以及标志明显的疏散通道。

（3）室内心理因素。灯具的布置、颜色等与室内装修相互协调，室内空间布局、家具陈设与照明系统相互融合，同时考虑照明效果对视觉工作者造成的心理影响以及在构图、色彩、空间感、明暗、动静以及方向性上等方面是否达到视觉上的满意、舒适和愉悦。

（4）经济管理因素。此处应考虑照明系统的投资和运行费用，以及是否符合照明节能的要求和规定，考虑设备系统管理维护的便利性，以保证照明系统正常高效运行。

照明用光随灯具品种和造型不同产生不同的光照效果，所产生的光线可分为直射光、反射光和漫射光三种。

（1）直射光。直射光是光源直接照射到工作面上的光。直射光的照度高，电能消耗少，为了避免光线直射人眼产生眩光，通常需用灯罩相配合，把光集中照射到工作面上，其中的直接照明有广照型、中照型和深照型三种。

（2）反射光。反射光是利用光亮的镀银反射罩做定向照明，使光线受下部不透明或半透明灯罩的阻挡，光线的全部或一部分反射到天棚和墙面，然后再向下反射到工作面。这类光线柔和，视觉舒适，不易产生眩光。

（3）漫射光。漫射光是利用磨砂玻璃罩、乳白灯罩，或特制的格栅，使光线形成多方向的漫射，或者是由直射光、反射光混合的光线。漫射光的光质柔和，而且艺术效果颇佳。

在室内照明中，上述三种光线有不同的用处，它们之间不同比例的配合会产生多种照明方式。

（三）照明方式

根据光通量的空间分布状况，照明方式可分为五种。

（1）直接照明。光线通过灯具射出，其中 90% ~ 100% 的光通量到达假定的工作面上，这种照明方式为直接照明。这种照明方式具有强烈的明暗对比，并能营造有趣生动的光影效果，可突出工作面在整个环境中的主导地位，但是由于亮度较高，应防止眩光的产生。

（2）半直接照明。在半直接照明方式中，半透明材料制成的灯罩罩住灯泡上部，60% ~ 90% 以上的光线集中射向工作面，10%~40% 被罩光线又经半透明灯罩扩散而向上漫射，光线比较柔和。这种灯具常用于较低房间的一般照明。由于漫射光线能照亮平顶，使房间顶部显得高，因而能产生较高的空间感。

（3）间接照明。间接照明是将光源遮蔽而产生间接光的照明方式，其中 90%~100% 的光通量通过天棚或墙面反射作用于工作面，10% 以下的光线则直接照射工作面。间接照明通常有两种方式，一是将不透明的灯罩装在灯泡的下部，光线射向平顶或其他物体上反射成间接光线；二是把灯泡设在灯槽内，光线从平顶反射到室内变成间接光线，这种照明方式单独使用时，需注意不透明灯罩下部的浓重阴影。间接照明通常和其他照明方式配合使用，才能取得特殊的艺术效果。

（4）半间接照明。半间接照明方式和半直接照明方式相反，把半透明的灯罩装在灯泡下部，60% 以上的光线射向平顶，形成间接光源，10% ~ 40% 的光线经灯罩向下扩散。这种方式能产生比较特殊的照明效果，使较低矮的房间有增高的感觉。

（5）漫射照明。漫射照明方式利用灯具的折射功能来控制眩光，使光线向四周漫散。这种照明大体上有两种形式，一种是光线从灯罩上口射出经平顶反射，两侧从半透明灯罩扩散，下部从格栅扩散。另一种是用半透明灯罩把光线全部封闭起来而产生漫射。这类照明方式光线柔和，视觉舒适，适于女性时装店。

（四）照明的布局形式

现代商店大都采用混合照明的方式，主要包括以下几种形式。

（1）普通照明。这种照明方式给环境提供基本的空间照明，把整个空间照亮。其要求照明器的匀布性和照明的均匀性达到要求，如图 3-73 所示。

（2）商品照明。其是对货架或货柜上的商品的照明，保证商品在色、形、质三个方面都有很好的表现，如图 3-74 所示。

（3）重点照明。其也叫物体照明，是针对商店的某个重要物品或重要空间的照明。比如，橱窗的照明就是商店的重点照明，如图 3-75 所示。

（4）局部照明。这种方式通常是装饰性照明，用来制造特殊的氛围，如图 3-76 所示。

（5）作业照明。其主要是柜台或收银台的照明，如图 3-77 所示。

（6）空间照明。其用来勾勒商店所在空间的轮廓并提供基本的导向，营造热闹的气氛。

图 3-73 天津大悦城购物中心，空间基础照明

图 3-74 天津大悦城购物中心局部商品照明

本书主要介绍商店照明方式中的重点方式——普通照明、商品照明和重点照明。一个商店的照明设计是否能够切实地帮助商店实现照明的目的和效果，主要是由这三种照明方式的照明变量所控制的，如图 3-78 所示。

（六）照明的计算

现代商店照明设计是非常复杂的，一方面需要考虑科学实验已验证过的量化指标；另一方面需要考虑视觉印象以及由视觉印象所唤起的情感、趣味等非量化的对照明的主观感觉和评价。

对于室内设计人员来说，对于照明变量只掌握一种较粗略的计算方法就可以了。

图 3-75 天津大悦城购物中心商店重点照明设计

图 3-76 天津大悦城购物中心食品卖场灯光照明设计

图 3-77 天津大悦城无印良品旗舰店卖场灯光照明设计

图 3-78 北京三里屯奔驰文化中心，沉浸式的空间照明营造出立体、变化丰富的艺术性氛围和多元化空间

在照明设计的最初阶段，先对单位容量值进行估算。单位容量值就是指在 1 m^2 的被照面积上产生 1Lux 的照度值所需的瓦数。计算照明的容量，是为了进一步求出所需灯具的数目和功率。

照明总容量（ N ）= 单位容量值 × 平均照度值 × 房间面积

一般效果的光源（白炽灯 200 W，荧光灯 40 W，气体放电灯 250 W），计算时是取整个平面照度的平均值。如果房间较多，或是采用间接照明，光通量的损失是很大的，所以计算时就该比实际需要多计算 20% ~ 50% 的输入容量。

例如：某商店卖场平面为 6 m × 4 m，高 4 m，工作面（距地面 85 cm）上的照度为 125 Lux，采用间接照明型的白炽灯照明，天棚与地面都是浅色。试求房间所需照明总容量和灯具数目，功率是多少？

N=0.32 W × 125 Lux × 24 m^2=960 W

光通量的损耗按 20% 计算：

960 W × 20%=192 W

960 W+192 W=1 152 W

这样确定房间应安装功率为 200 W 的白炽灯 6 个（两排，每排 3 个），即可满足 125 Lux 的照度要求。

在商店照明设计中，对这些量化指标，设计单位宜反复演算，电器工程师和照明美学设计师应通力协作，有条件的要借助照明设计软件，进行机上模拟和验算。这些量化指标不仅涉及照明质量和效果，而且涉及用户成本。另外，在光源的选择、照明器和电器附件的配套方面，设计人员亦要通盘考虑。

目前商店照明设计和工程存在很多问题：有的大型连锁超市的管型荧光灯裸装，缺少配光，这不仅造成光效和能源的浪费，而且有眩光。一些时装专卖店由于设计单位不专业，造成普通照明和重点照明不明确、混乱，普通照明的照度太高、灯布置得太密，这不仅浪费，而且重点照明也无法突出。有的橱窗使用太多的卤钨灯，而未采用光效更高的金卤灯；有的商店竟然把节能灯露在灯具外一截，还有光色选择不当、气氛可疑等情况，这些在设计中都要避免。

三、商业购物空间照明趋势和照明设计程序

（一）照明应用中的若干技巧

在进行照明设计时，设计人员可使用如下技巧。

（1）在上一节给出的指标范围内，越高级的商店基本照明的照度可设计得越低些，顶级商品专卖店，尤其是顶级时装专卖店基本照明甚至可以低于 100 Lux，但不能低于 75 Lux。在这个基础上把重点照明系数提高些，使明暗的对比度加大。但由于视觉健康的约束，重点照明系数不能超越本书给定的最高值。特别指出“合乎比例”的亮度对比、明暗对比使视觉满意、和谐，这种和谐导致愉悦的心情，这样的情绪容易使消费者做出购买决定。

（2）增强光影的戏剧性表现。对于重要商品、贵重商品和陈列品，一定要避免被照明商品光

亮度的平面化、平均化，在被照对象上应该有局部的或点状的照明。

（3）橱窗照明是非常重要的，要用最亮的照明。特别要强调的是，如果商店是临街的，不是商场中的商店，那么橱窗应该设计和安装两套照明系统。一套系统是针对夜晚的，一般用卤钨灯就够亮了。另一套系统是针对白天的，橱窗的照明要和日光形成反差，就要采用反射型金卤灯。这是很多商店橱窗照明都碰到过的问题，设计人员通常以为再多加几个卤钨灯就可以了，结果还是不行。

（4）要重视显色性指数。在初期投资和用户成本允许的情况下，尽量使用显色性高的光源产品，这是保证商店具有丰富而饱满的色彩的前提。

（二）商店卖场的照明设计原则

1. 实用性

室内照明应保证规定的照度水平，满足人们工作、学习和生活的需要，设计应从室内整体环境出发，全面考虑光源、光质，投光方向和角度，使室内活动的功能、使用性质、空间造型、色彩陈设等与其相协调，以取得整体的环境效果。

2. 安全性

一般情况下，线路、开关、灯具的设置都需有可靠的安全措施，诸如分电盘和分线路一定要有专人管理，电路和配电方式要符合安全标准，不允许超载，在危险地方要设置明显标志，以防止漏电、短路引起的火灾和伤亡事故发生。

3. 经济性

照明设计的经济性有两个方面的意义：一是采用先进技术，充分发挥照明设施的实际效果，尽可能以较少的投入获得较好的照明效果；二是在确定照明设计时要符合我国当前在电力供应、设备和材料方面的生产水平。

4. 艺术性

照明装置具有装饰商店卖场、美化环境的作用。室内照明有助于丰富商店卖场空间，形成一定的环境气氛。照明可以增加空间的层次和深度，光与影的变化使静止的空间生动起来，能够创造出美的意境和氛围，所以室内照明设计应正确选择照明方式、光源种类、灯具造型及体量，同时处理好颜色、光的投射角度，以取得改善空间感、增强商店卖场环境的艺术效果，如图 3-79 所示。

图 3-79 天津大悦城购物中心楼梯口设计，照明设计和汉字文化的结合，让标志充满了艺术性

（三）室内照明设计的要求

室内照明设计除了应满足基本照明质量外，还应满足以下几方面的要求。

1. 照度标准

室内照明设计应选择一个合适的照度值，照度值过低，不能满足人们正常工作、学习和生活的需要；照度值过高，容易使人疲劳，影响健康。照明设计应根据空间使用情况，符合《建筑电器设计技术规程》规定的照度标准。

2. 灯光的照明位置

人们习惯将灯具设置在房子的中央，其实这种布置方式并不能解决实际的照明问题。正确的灯具位置应与室内人们的活动范围以及家具的陈设等因素结合起来考虑，这样不仅满足了照明设计的基本功能要求，同时提升了整体空间的意境。此外还应把握好照明灯具与人的视线及距离的合适关系，控制好发光体与人视线的角度，避免产生眩光，减少灯光对人视线的干扰。

3. 灯光照明的投射范围

灯光照明的投射范围是指保证被照对象达到照度标准的范围，这取决于人们室内活动作业的范围及相关物体对照明的要求。投射面积的大小与发光体的强弱、灯具外罩的形式、灯具的高低位置及投射的角度相关。照明的投射范围使室内空间形成一定的明暗对比关系，产生特殊的气氛，有助于集中人们的注意力。

4. 照明灯具的选择

人工照明离不开灯具，灯具不仅仅限于照明，为使用者提供舒适的视觉条件，同时也是建筑装饰的一部分，起到美化环境的作用。随着建筑空间、家具尺度以及人们生活方式的变化，光源、灯具的材料，造型与设置方式都会发生很大变化，灯具与室内空间环境结合起来，可以营造出不同风格的室内情调，取得良好的照明及装饰效果。

（1）吊灯。吊灯是悬挂在室内屋顶上的照明工具，经常用作大面积范围的一般照明。大部分吊灯带有灯罩，灯罩常用金属、玻璃和塑料制成。用作普通照明时，吊灯多悬挂在距地面 2.1 m 处，用作局部照明时，大多悬挂在距地面 1~1.8 m 处。吊灯的造型、大小、质地、色彩对室内气氛会有影响，在选用时一定要与室内环境相协调。例如，古色古香的中式房间应配有中国古老气息的吊灯，西餐厅应配西欧风格的吊灯（如蜡烛吊灯、古铜色灯具等），而现代派设计则应配几何线条简洁明朗的灯具。

（2）吸顶灯。吸顶灯是直接安装在天花板上的一种固定式灯具，作室内一般照明用。吸顶灯种类繁多，但总体可归纳为以白炽灯为光源的吸顶灯和以荧光灯为光源的吸顶灯。以白炽灯为光源的吸顶灯，灯罩用玻璃、塑料、金属等不同材料制成。用乳白色玻璃、喷砂玻璃或彩色玻璃制成的不同形状（长方形、球形、圆柱体等）的灯罩，不仅造型大方，而且光色柔和；用塑料制成的灯罩，大多是开启式的，形状如盛开的鲜花或美丽的伞顶，给人一种兴奋感；用金属制成的灯罩让人感觉比较庄重。以荧光灯为光源的吸顶灯，大多采用有晶体花纹的有机玻璃罩和乳白玻璃罩，外形多为长方形。吸顶灯多用于整体照明，在走廊等地方经常使用。

（3）嵌入式灯。嵌入式灯是嵌在楼板隔层里的灯具，具有较好的下射配光，有聚光型和散光型两种。聚光灯一般用于有局部照明要求的场所，如金银首饰店、商场货架等处。散光灯一般多用作局部照明以外的辅助照明，常用于卖场走道、咖啡馆走道等。

（4）壁灯。壁灯是一种安装在墙壁建筑支柱或其他立面上的灯具，一般用来补充室内一般照明。壁灯设在墙壁上和柱子上，它除了有实用价值外，也有很强的装饰性，使平淡的墙面变得光影丰富。壁灯的光线比较柔和，作为一种背景灯，可使室内气氛显得优雅，常用于大门口、门厅、卧室、公共场所的走道等，壁灯安装高度一般在 1.8~2 m 之间，不宜太高，同一表面上的灯具高度应该统一。

（5）立灯。立灯又称落地灯，也是一种局部照明灯具。它常摆设在沙发和茶几附近，用作待客、休息和阅读照明。

（6）轨道射灯。轨道射灯由轨道和灯具组成。灯具沿轨道移动，灯具本身也可以改变投射的角度，是一种局部照明用的灯具，主要特点是可以通过集中投光以增强某些特别需要强调的物体。其已被广泛应用在商店的室内照明，以增加商品、展品的吸引力。

以上灯具是在室内光环境设计中用得比较多的形式，除此以外，还有应急灯具、舞台灯具、高大建筑照明灯具以及艺术欣赏灯具等，这里不一一介绍。

（四）商店卖场的照明趋势

1. 更加注重光源的质量

（1）有更高的照度水平；
（2）有更多的重点照明和明暗对比；
（3）有更高的显色性，没有频闪；
（4）减少使商品褪色的影响。

2. 追求自然光的照明效果

（1）改变光源的光通量、光强和颜色；
（2）采用人造日光和动态照明。

3. 绿色和环保

（1）照明设计增加对环保的考虑；
（2）政府加强对照明的立法；
（3）首选可循环和再利用的产品包装；
（4）节能，非常注意灯的功率热损耗与冷却成本。

4. 关注维护成本

（1）考虑光源的寿命以及替换的成本；
（2）关注照明的灵活性，最好能在必要时随时对照明系统进行调整。

（五）商店卖场的照明设计程序

1. 照明设计的程序

（1）明确照明设施的目的与用途。进行照明设计首先要确定照明设施的目的与用途，要把各种用途列出，以便确定符合要求的照明设备。

（2）初步确定光环境构思及光通量分布。在照明目的明确的基础上，确定光环境及光能分布。如舞厅要有刺激兴奋的气氛，要采用变幻的光、闪耀的照明方式。

（3）确定照度、亮度。根据房间用途，可按照国际标准或我国国家标准来确定房间的照度值和亮度值。

2. 照明方式的确定

1）照明方式的分类

（1）一般照明。其指全室内基本一致的照明，多用在共享空间等场所。一般照明的优点是，即使室内布置发生变化，也无须变更灯具的种类与布置；照明设备的种类较少；具有均匀的光环境。

（2）分区的一般照明。其是将工作对象和工作场所按功能来布置照明的方式，而且这种照明方式所用的照明设备也兼作卖场的一般照明。分区的一般照明的优点是：工作场所的利用系数高，这是因为可变灯具的位置能防止产生使人心烦的阴影和眩光。

（3）局部照明。在小范围内，对各种对象采用个别照明方式，富有灵活性。

（4）混合照明。综合使用上述各种方式。

2）照明方式的选择

一般来说，整个房间采取一般照明方式，工作面或需要突出的物品采用局部照明方式。如卖场中整个大厅采用一般照明方式，而对展品用射灯做局部照明。因此，照明用途确定了，照明方式也就随之确定了。

3）光源的选择

各种光源在功率、光色、显色性及点灯特性等方面各有特长，可用在不同的照明工程中。

3. 灯具的选择

在照明设计中选择灯具时，应综合考虑以下几点。

（1）灯具的光特性：灯具效率、配光、利用系数、表面亮度、眩光等。

（2）经济性：价格、光通比、电消耗、维护费用等。

（3）灯具使用的环境条件：是否要防爆、防潮、防震等。

（4）灯具的外形与建筑物及室内环境是否协调等。

第四节 商业购物空间的营业空间设计

一、卖场的购物空间

（一）商品的分类

用于商业经营的商品种类多、范围广，一般可分为以下几大类。

（1）食品部——烟酒、茶叶、罐头、肉食、饮料、糕点、各类小食品、冷冻食品等。

（2）百货部——化妆品、小百货、搪瓷、玻璃、不锈钢、塑料制品、儿童玩具及各类皮具等。

（3）文化用品部——文具、体育用品、中西乐器、钟表、眼镜、照相器材、通信器材、电脑等。

（4）五金交电部——五金交电、自行车、摩托车、缝纫机、家用电器、机械用具、消防器材等。

（5）服装部——女装、男装、童装及中老年服装等。

（6）纺织部——毛织品、绒线、内衣、袜子及床上用品等。

（二）商品布置原则

为便于经营管理，方便顾客选购，提高营业面积使用率，购物空间中的商品布置应遵循以下原则。

（1）根据商店规模大小和商品性质，划分若干商品部门或货柜组合。不同规模的商店经营货品种类有所不同，可将品类相近的货品集中布置或组成毗邻的商品部或柜组。

（2）按顾客对商品的挑选程度和商品特点布置商品。品类的功能、尺寸、规格各有不同，顾客对商品的挑选程度亦有所不同。可将挑选程度较弱的小百货、日用品布置在底层，挑选时间较长、挑选过程复杂的商品如服装、电器等布置在相对独立的空间内，远离出入口，以利顾客安心挑选，同时保证顾客、货物的流线通畅。体积大而重的商品如大型家电、五金、运动器械等，宜布置在首层或地下层，便于搬运。金银珠宝、精品手表等价值高但顾客流量和销售量不大的商品，应设置在安全、安静、便于管理、便于挑选的环境中。

（3）按商品的交易次数、销售量的多少、季节的变化和业务的忙闲规律，合理布置商品柜。将方便购买、诱导购买的商品和季节性强、流行性强的商品放在 2~3 层。将交易次数多、销售繁忙的商品与销售清淡的商品柜间隔布置，使人流在营业厅中均匀分布，提高营业面积的使用效率。

顾客较密集的售货区应位于出入方便的地段。

（4）按商品特性及安全保管条件布置商品柜。针对需冷藏、自然采光、防潮、防串味的特殊商品，合理布置商品柜架。对于易燃的商品如火柴等商品应加强安全保管措施并单独放置。

（5）按有利于增添营销空间魅力的原则布置商品柜。外观新颖、色彩丰富、陈列效果较好的商品宜被布置在营业厅的突出位置和顾客视线集中的部位，如将化妆品类放在近入口处以增强营业厅的视觉效果，产生琳琅满目、富丽堂皇之感。营业厅内各售货区的面积可按不同商品种类和销售繁忙程度而定。营业面积指标可按平均每个售货岗位 15 m^2 计（含顾客占用部分），也可按每位顾客 1.35 m^2 计。但当营业厅内堆置大量商品时，应将指标计算以外的面积计入仓储部分。

（三）售货现场布置的形式及特点

售货现场的布置形式与商店的经营策略、管理方式、空间形状和所处环境、采光通风的状况及商品布置的艺术造型等有关。柜架的设置应使顾客流线通畅，便于他们游览与选购，使营业员工作方便快捷，可提高货架的利用率。售货现场有以下几种常见的布置形式。

1. 顺墙式

柜架、货架顺墙排列，有沿墙式和离墙式布置。传统封闭式的售货现场以高货架最为常见，陈列商品多，但以连续顺墙式布置高货架易使空间显得封闭。

（1）沿墙式。柜台连续且较长，有利于减少营业员人数，但高货架不利于高侧窗的开启，不便于采光通风，在无集中空调的寒冷地区不利于设置暖气片，如图 3-80 所示。

（2）离墙式。货架与墙之间可作为散仓，要求有足够的柱网尺寸，但占用营业厅面积多，不经济，如图 3-81 所示。

图 3-80 上海新天地商业空间，沿墙式柜台设计

2. 岛屿式

营业员的工作空间四周用柜台

围成闭合式，中央设置货架形成岛屿状布置，常与柱子相结合，又分为单柱岛屿式、双柱岛屿式及半岛式，其中半岛式又分为沿墙式和离墙式两种形式。岛屿式有正方形、长方形、圆形、三角形、菱形、六角形、八角形等多种形式。在传统的营销方式中，一般除了沿墙布置单边柜台外，内部空间结合通道尽可能采用岛屿式双边柜台，柜台的长短与营业额有一定的相关性。柜台周边长，存放商品多，形式多样，布置灵活，便于商品分类分档，利于商品展示。中央货架拉开布置形成散仓，在不影响顾客视线的前提下，将储藏空间与柜架有机结合，使经营现场商品量充足，保证买卖活动的正常进行。大型商店较多采用此种布置方式，这种布置方式能降低商店内拥挤杂乱的感觉，如图 3-82 所示。

图 3-81 天津大悦城购物中心，离墙式柜台设计

3. 斜交式

柜台、货架与柱网轴线成斜角布置。斜线具有动感，斜交式的布置方式可吸引顾客不断沿斜线方向行进，形成深远的视觉效果，利于商品销售，如图 3-83 所示。空间既有变化又有规律性，形象更加生动，入口与主通道联系更为直接，方向感强，减少了入口人流的淤堵。对商场来讲，采用此种布置方式便于管理。斜交式通常以 45° 布置，这样可避免货柜相交处出现锐角的情形。窄长的小营销空间可用此种布置方式产生拓宽空间，减少狭长感。

4. 放射式

柜架围绕客流交通枢纽呈放射式布置，交通联系便捷，通道主次分明。各商品柜

图 3-82 天津大悦城购物中心，岛屿式柜台设计

图 3-83 斜交式柜台设计成 45° 角，使空间的形式感更加强烈

组应注意小环境的创造，以突出商品特色，避免单一的布置形式带来单调感，如图 3-84 所示。

5. 自由式

柜架随人流走向和密度变化及商品部划分呈有规律性的灵活布置。空间可产生轻松愉快的气氛，但应避免杂乱感，在统一的环境基调下自由布置。

6. 综合式

柜架采用综合式的布置形式可充分灵活地合理利用空间，使空间富于变化，避免了同一种布置形式带来的枯燥感，

图 3-84 天津伊势丹百货商场，放射式柜台设计

增加了趣味性，给顾客以新鲜感，从而引起顾客的购买欲望，如图 3-85 所示。

设计卖场应考虑影响售货现场布置形式的各主要因素，分析空间特点，充分利用空间并注重功能要求，综合运用多种布置形式，创造出符合商场特性的理想的商业环境。

图 3-85 天津大悦城购物中心专卖店设计，柜台展示形式丰富多变，很有趣味性

（四）营销方式

商场中简单的买卖过程体现出营销方式，它与整个社会的生产、经济以及人们的收入水平和消费观念等紧密联系，影响着商业建筑的设计。营销方式通常分为封闭式和开敞式，开敞式又分为全开敞式和半开敞式。全开敞式和半开敞式较封闭式营销更重视商品的陈列展示。

1. 封闭式

封闭式营销用柜台将顾客与营业员分开，商品通过营业员转交给顾客，营业员的工作空间较独立。封闭式营销便于对商品进行管理，但不利于顾客挑选商品，是传统的售货方式。采用这种售货方式的商店营业厅常采用大厅式布置，柜台应保持足够的长度。贵重的不宜由顾客直接选取的商品如首饰、药品、手表等常采用这种营销方式 。

2. 半开敞式

此种方式按商品的系列、种类由货架或隔断围合成带有出入口的独立小空间，以带一个出入口的口袋式布局或带一进一出两个出入口的通过式布局最为常见，其开口处紧临通道；一般沿营业厅周边布置，形成连续的相对独立的单元空间。各单元应既有独特性，又有统一性。在这样的小空间中商品柜台与货架同时对顾客开放，但通常是顾客选中商品后，由营业员按种类、规格、型号提供给顾客相应的商品。营业员工作空间与顾客使用空间穿插交融。

这种方式拉近了商品与顾客之间的距离，便于顾客挑选商品。其多用于鞋帽、服装、皮具等的销售和用于品牌销售的独立小空间。这种营销方式柜架的摆放较灵活，各种不同造型、材质的柜架和隔断与商品或品牌的形象相关联，配以文字、标识，鲜明地表现出商品和品牌的风格，具有较强的识别性。以品牌划分出的相对独立的营销空间更注重对品牌形象及消费群体定位的宣传。主要的品牌形象展示面应置于吸引人视线的位置，并与错落有致的柜架相结合，以展示同一品牌不同系列的商品。

3. 全开敞式

这种方式的商品柜台与货架合二为一，顾客可随意挑选商品，营业员的工作空间让位于顾客使用空间，最大限度地增加了顾客与商品接触的机会；符合顾客心理，便于顾客挑选商品，节省了顾客的购物时间。顾客常会因遇到好的商品，感官、意识受到触动而冲动购物。它适用于可挑选性强，对商品细部及质感有特殊要求的商品，如服装、鞋帽等。其常用于超级市场以及大厅开放式的布置，在视觉上商品可一览无余，具有强烈的采购诱惑力；但不便于商品的管理，且空间不易分隔，会有变化少、缺乏情趣的不足之处。

根据具体情况，商店可采用某一种营销方式或多种营销方式综合布置的方式，如采用大厅式与小空间式相结合的营销方式，避免了大厅式营业厅中不同性质的商品堆积于一个大空间中互相影响、干扰的缺点，突出了小空间的特色，也保留了大空间的优点。设计人员在重视由营销方式划分出的小空间的“异””精”的特色的同时，应考虑整个营销空间形象与内涵的统一。开敞、半开敞的营销方式，使顾客与商品直接接触，减少了中间环节，且商品陈设方式丰富，利于商品销售，成为商场的发展趋势。

小型商店面积不大，营业厅常采用大厅式，当进深较窄时，采用长条式。其销售方式大多为封闭式的，随着时代的发展，也逐渐变为开敞式和半开敞式的。专卖店也是一种商业形式，随着人们品牌意识的增强，它的设计理念以突出品牌特色为根本，空间中各个界面的处理、照明设计、柜架的造型、标志广告及商品的展示方式与大中型商场划分出的品牌空间相似，但更为灵活。专卖的商品不同，空间环境的处理也各有侧重。

（五）售货现场设施及组合

售货现场设施有货柜、货架、收银台等，它们在营销活动中起着十分重要的作用。在售货现场，柜台、货架通过组合完成其功能，不同的营销方式售货现场设施有不同的组合形式，并依据商店的经营策略、管理方式、空间形状和艺术造型等形成不同的售货现场布置形式。

1. 封闭式

在传统的封闭式售货方式中，柜架的组合方式较固定，营业员位于柜架之间，起决定作用的因素为营业员工作空间走道宽度，即柜台与货架之间的距离，应方便营业员取放柜台与货架上的商品，避免因过窄而使营业员行动不便或过宽造成营业员体力损耗及降低营业面积的使用率，其一般宽度应为 750~900 mm，货架前若设有矮柜，过道宽度可增加至 1 100 mm。封闭式设计如图 3-86 所示。

图 3-86 上海思南书店，封闭式设计

2. 半开敞式

在半开敞的营销方式中，通常的柜架组合为“回”字，货架在周围，货柜在中心位置。有时中心位置也可设少量货架。其组合间距应考虑顾客与营业员穿插流动的需要，如图 3-87 所示。

3. 开敞式

在开敞式的营销方式中，柜架的组合演变为货架与货架的组合，组合方式常为行列式，其间距除考虑顾客通行的要求外，还应考虑顾客在没有柜台的情形下挑选商品的活动范围，如图 3-88 所示。

（六）商品货柜设计

售货现场设施及其布置取决于人体尺度、活动区域、视觉有效高度等因素，同时还应考虑在

图 3-87 上海某商业区，半开敞式餐饮空间设计

图 3-88 上海淮海路商业街，开敞式展柜设计

造型风格、选材、色彩上的整体系列性，应设计符合人体工学方便使用并有利于烘托商品特性及营业厅的空间环境。

人的正常有效视觉高度范围为从地面向上 300~2 300mm，其中重点陈列空间为从地面向上 600~1 600 mm; 展出陈列空间为 2 000~2 300 mm，顾客识别挑选商品的有效高度范围为地面向上 600~2 000 mm，选取商品频率最高的陈列高度范围为地面向上 900~1 600 mm。墙面陈设一般以 2 100~2 400 mm 为宜。2 000~2 300 mm 为陈列照明设施空间。

1. 柜台

柜台是供营业员展示、计量、包装出售商品及顾客参观挑选商品所用的设备，柜台或全部用于展示商品，或上部用于展示商品，下部用于储藏。在销售繁忙、人员拥挤的销售环境中，货柜需要储存一天销售的商品量，可利用柜台的下部作为存放货品的散仓，也可作为营业员的私用空间。在传统封闭式售货方式中，柜台是必不可少的，且数量较多。在半开敞的销售方式中，货柜的传统形式已有所转变，更强调商品的展示，在数量上与货架相比也少了许多，而且更注重造型，把造型作为体现商品品牌、品位的方式之一。柜台的尺度一般如下。

高度：一般为 900~1 000 mm。

宽度：一般为 500~600 mm，但有些特殊商品的柜台的宽度会有变化，如纺织部柜台一般为 900 mm。

长度：单个柜台一般为 1 500~9 000 mm。

为增加陈列效果，可在柜台内壁安装镜面。

2. 货架

货架是营业员工作现场中分类分区地陈列商品并少量储存商品的设施。货架的尺度一般如下。

高度：一般为 1 800~2 400 mm，以 2 100 mm 最为常见。

宽度：一般为 300 mm，其前面底部常增加矮货架以扩大底部空间，用来存放尺寸较大的货物，同时，其顶面可供营业员放置临时物品，宽度可增至 600~700 mm。应注意柜架的观看角度尽量大，光线充足，有助于衬托商品的价值和展示商品。

在半开敞的营销方式中，由于售货方式的改变，传统柜架的形式及尺寸也有所改变，下部的储藏空间高度减小，由传统封闭式售货方式中的 900 mm 左右降至 400~600 mm，加强了货架的展示功能。货柜的上半部一般用于陈列展示商品，下半部为供营业员使用的空间。货柜的造型更加丰富。

在开敞式的营销方式中，货架将展示陈列与存货功能彻底合二为一。仓储式开架售货现场常采用高货架。开敞式售货方式也常采用低货架及高低柜架相结合的方式，一般不再需要货柜。

二、卖场的交通空间

营业厅内的交通与流线组织紧密相关，室内空间的序列组织应清晰并有秩序感，交通空间应连续顺畅，流线组织应明晰直达，并能使顾客顺畅地浏览、选购商品，迅速安全地疏散。交通空间在满足正常经营秩序的需要外还应考虑消防、地震等的安全疏散要求。

营业厅内的交通空间包括水平交通空间与垂直交通空间。水平交通是指同层内的通道，垂直交通是指不同标高空间的垂直联系如楼梯、电梯和自动扶梯。它们都是引导顾客人流的重要功能构件。室内空间主要通过柜架的布置来划分水平交通空间，柜架的布置应形成合理的环路。垂直交通要素应与各层通道有便捷的联系，形成整体的交通系统，并符合国家有关规范的要求。

（一）顾客通道的宽度

顾客通道是供顾客通行和挑选商品的空间，应有足够的宽度保证交通顺畅，便于疏散。但过宽的通道会造成面积的浪费。

在全开敞和半开敞的营销方式中，买卖空间界线无明显划分，在一个主通道上可有多个单元出入口和通道与之连通，方向性人流没有封闭式营销方式中那样集中，其水平通道宽度除特殊情况外，可比封闭式通道稍窄，这样会拉近顾客与商品的距离。

（二）营业厅的出入口与垂直交通

营业厅的出入口与垂直交通对顾客流线的组织起着决定性作用，设计时应考虑合理布置其位置，正确计算其总宽度，选择恰当的类型与形式。通道疏散口应有引导提示标志牌。

1. 出入口的布置

出入口位置的分布、数量和宽度依人数多少、流线走向分出主次，合理配置，保证顾客顺利进入营业厅并均匀地分散。出入口应分布均匀并有足够的缓冲面积。大中型商店建筑应有不少于两个面的出入口与城市道路相接，或基地不少于 1/4 的周边总长度和建筑物不少于两个出入口与一边城市道路相接。一般中型商店的出入口应不少于两个，大型商店应在两个或两个以上方向开设不少于 3 个出入口。营业厅的出入口、安全门净宽度不应小于 1.4 m，并不应设置门槛。在空间处理上直接对外的顾客出入口应宽敞明亮，内外空间交融渗透，以更好地吸引顾客进入商店游览购物。顾客出入口应与橱窗、遮阳、防雨、除尘等设施，室外停车场及周围的环境有良好的关系。

2. 垂直交通的联系方式及布置

垂直交通的联系方式一般有楼梯、电梯和自动扶梯。根据规模，商店可单独使用楼梯或多种梯共同使用，它们应分布均匀，保证能迅速地运送和疏散顾客人流。主要楼梯、自动扶梯或电梯应设在靠近出入口的明显位置。商店竖向交通的方便程度对顾客的购物心理、购物行为和商店的经营有很大影响。以楼梯作为竖向联系时，其数量应不少于 2 个，设置方式有开敞的和位于楼梯间中的两种。其造型的艺术处理对丰富营业厅空间环境有较大作用。

每梯段净宽不应小于 1.4 m，踏步高度不应大于 0.16 m，踏步宽度不应小于 0.28 m。每梯段不超过 18 阶，不少于 3 阶，台阶高宽尺寸应相同。消防楼梯应符合防火规范。大型百货商店、商场建筑物营业层在 5 层以上时，宜设置不少于 2 个直通屋顶平台的疏散楼梯间。营业层达 4 层以上应设电梯，且与楼梯相邻。电梯前应留有足够的等候及交通面积，避免通过楼梯和电梯上下的人流交叉而拥堵。较大的商场在中庭设置观景电梯作为辅助交通设施，同时增加空间环境的动感。

自动扶梯能运载大量人流，且有引导人流的作用，常与商场内的中庭相结合，且有一定的装饰效果。它占地面积大，但对具有连续人流的商场有显著的优越性，对大型商场是必不可少的。商场中以自动扶梯为主，楼梯、电梯为辅将成为发展趋势。自动扶梯的常见配置方式一般有直列式、并列继续式、并列连续式及剪刀式。自动扶梯上下两端应连接主通道，两端水平部分 3 m 范围内不得兼做它用。当厅内只设单向自动扶梯时，附近应设与之相配合的楼梯。自动扶梯倾斜部分的水平夹角应等于或小于 30° 。

高度不同的商业购物空间采用联系上下层空间的自动扶梯、开敞式楼梯及观光电梯等竖向联系构件，把不同标高的多个空间串联起来并相互渗透，起到引导顾客流线的作用，在增加营销空间连续性的同时给空间带来动感，具有活跃气氛的效果。顾客在通达上层空间的过程中，方便地浏览、观赏到整个营业大厅，不同的高度使人产生不同的心理感受，加强了对该场所的认识与记忆。

（三）交通枢纽中庭

在大型商场及购物中心中常设有中庭，其中设置自动扶梯和观景电梯，快速大量地运送人流，成为人流交会分流的交通枢纽，并起着引导人流的作用。当中庭设有多部自动扶梯时，有的扶梯可直达较高的楼层，使想购买位于较高楼层商品的顾客的交通路线更加便捷。自动扶梯与观景电梯在中庭空间内高低错落，人们川流不息，既丰富了中庭的景观，又达到了步移景异的视觉效果，增加了中庭的动感和节奏感，活跃了空间，加强了不同楼层的视觉联系，空间层次丰富，通透开敞，提供了人看人、人看商品的机会。商场若有地下层营业厅，中庭往往从地下层起始，使地下层与地上层空间通过中庭贯通，减弱了地下空间的封闭隔离感，使空间敞亮明快，具有吸引力，改善了人们多半喜爱在地面及以上各层活动的情形。

中庭满足了人们对购物、休闲、观赏、交往等的需求及对开敞明快、有生机、有活力的营销空间的向往，中庭体现出时代的特色，成为发展趋势。

（四）重点装饰及空间变化对流线的引导作用

重点装饰的设计、空间的变化、视线焦点的组织和视差规律的运用都会对顾客流线起到引导作用。

营销空间中的照明设计、色彩处理、材质的变化及广告标志等重点装饰可起到吸引顾客视线、引导客流的作用。如在入口处设置商品分布导购示意图，在主通道及各个货区设置导向标志，结合灯箱悬挂在顶棚下面，一目了然，吸引顾客。广告通过文字、图形、色彩、材料、音像等有形与无形的符号传递商品特征、商店经营及销售服务方式等商业信息以招揽顾客。其表现形式分动态与静态两类。良好的广告应具有良好的视觉效果，用简短的文字、独特的造型或明快的色彩突出商品特色，使人一目了然。

营销空间中的某些标志对顾客流线也能起到很好的引导作用，如各类商品的标志牌及楼层经营的商品内容指示牌等。标志分为定点标志、引导标志、公用标志和店用标志，设置方式有悬挂、摆放和附着固定等。设计时可对其位置、尺度、式样、色彩作统一考虑，并注意文字的字形、大小与基底的色彩关系，使其有良好的可辨认程度。各商品部的标志牌可设计成形象化的图案，配以各色霓虹灯光，使顾客在较远的距离即能发现所要寻找的商品。

根据人的视差规律，对空间围护部件如顶棚、地面、墙面等进行巧妙处理，对玻璃、镜面、斜线等进行适当运用，可使空间产生延伸和扩大感。营销空间中斜向布置柜台，可缩短顾客的交通路线，同时又相对地增大了视距，使空间产生扩大感与深远感。玻璃的通透及镜面的反射也使空间渗透连续和延伸扩大，起到增加商业气氛的作用。

三、卖场的展示空间

商品陈列是商业建筑内部环境设计的重要组成部分，通过展示陈列商品可以突出商品特征，增强顾客对商品的关注、了解、记忆与认知程度，从视觉效果到触觉需要诱导顾客。商品陈列的效果与商店空间尺寸、商品陈列的位置（高度、深度）、商品与顾客之间的距离及商品的陈列方式有关。运用对比、协调、主从等手法处理商品与商品、商品与背景、商品与陈列设备等之间的关系，可以表现商品的质感和美感，产生生动丰富的效果。在开敞、半开敞的营销方式中，常将商品展示陈列与存放融为一体，顾客的行为，从视觉到触觉，从挑选到购买，是一个连贯的过程，这种将陈列与储存相结合的方式，既方便选购又节省空间。

（一）陈列要素

展示陈列空间是商场空间中的重要空间，是商场整体形象中的一个亮点。同属于商场内外空间的橱窗及各种展示柜架是陈列空间中的主要陈列要素，它们都具有陈列展示的功能，但其陈列方式、手段对空间气氛的渲染和对人流的吸引程度各有不同。陈列设备应具有方便经营、造型优美、拆装方便、投资经济的特点和相对的灵活性，易于适应不同类型、规格、尺寸的商品系列化陈列，体现商品和商场的个性。

（二）橱窗设计

展橱是商店的一个窗口，在特定环境的视觉氛围体现出商品的价值和商店的档次，对展示商店的商业形象，体现经营特色有重要作用。同时，商品特色外观呈现在顾客面前产生强烈的艺术感染力，满足顾客比较、选择、观赏、商品信息储存等需要，激发起顾客的兴趣和信任感，从而刺激购买欲，如图 3-89 所示。

图 3-89 日本心斋桥爱马仕，橱窗陈列设计

（三）展示设计

商品展示是商场设计的重要组成部分，它以商品为首位，通过强化商品，传达商品信息，刺激顾客的心理与视觉，增强商品的可信度与权威性，促进商品销售。顾客因不同的文化水平、生活方式、消费倾向和购物心理对设计品位的要求也不同。商品展示的内容一般更换较频繁，这就要求应在较短的展示期限内通过独特的展示设计给顾客以全新的感受，使商品成为中心，引起顾客的关注。

商场内一般的展示场所有地面、顶棚、墙面、柱面及台面。陈列展览用具也有多种形式，如模特、道具以及陈列架、台、桌、柜等陈列用具。具体的展示陈列方式有如下几种。

（1）汇集陈列。大量商品汇集，体现丰富性、立体感，创造热闹气氛。但许多商品汇集，会使商品自身的特点不易突出，并置的商品在材质、色彩、尺寸、款式上不应过于统一，应采取对比的手法改善商品的展示效果。

（2）开放陈列。此方式让顾客可自由接触商品以诱发购买欲，拉近了顾客与商品的距离，使顾客可以从触觉上更加了解商品的材质、肌理与触感。

（3）重点陈列。此方式将具有魅力的商品置于视域中心处作为展示重点，如在销售手表、金银珠宝等商品的柜台上设置四周以透明玻璃封闭的展示柜，并辅以灯光，熠熠闪亮，强调商品自身的价值。展示柜也可以是电动式的，其自动转动，使商品的多个面得以展示，增强了展示效果。

（4）搭配陈列。这种陈列方式将关联性商品组合陈列，用以表现建议性、流行性、系列性，加强了顾客对这类商品的印象。

（5）样品陈列。这种陈列方式在传统的销售方式中最为常见，以少量商品作样品吸引顾客，而将大量商品置于仓库中。

陈列展示中的独立式展示柜架常放置在所展示商品销售区域附近，起到突出商品的点睛作用，有时也可设于公共空间中以吸引顾客，其尺寸规格依所陈列展示的商品不同而不同，可置于地面和柜台上，可与灯光照明相结合，增强感染力。若为落地式，其下半部 70~80 mm 的空间可做宣传广告或储藏等用。商品的展示高度应符合人站立时的视觉范围。

四、卖场的服务空间

营业厅中的服务空间内设有一些附属设施，分为顾客用附属设施和特殊商品销售需要的设施，它们在商品销售及提高环境质量、满足顾客需求方面具有重要作用。

（一）顾客用附属设施

大中型百货商场内应设卫生设施、信息通信设施及造景小品等，包括座椅、饮水器、废物箱、卫生间、问讯服务台、电话亭、储蓄所、指示牌、导购图、宣传栏、花卉、水池、喷泉、雕塑、壁画等内容。这些设施能过够满足顾客购物之外的精神需求，延长人们在商场中的逗留时间，如图 3-90 所示。如果为增加营业面积而取消顾客用附属设施的设置，会使空间环境质量下降，减少营业额。

图 3-90 天津大悦城购物中心的休憩空间，满足顾客购物之外的精神需求，延长人们在商场中的逗留时间

1. 问讯服务台

其主要功能为接受顾客咨询，为顾客指出所需商品的位置，进行缺货登记，接受服务质量投诉及提供简单的服务项目，如失物招领、针线雨具出借等。其宜设置在接近顾客主要出入口但又不影响客流正常出入的位置，如图 3-91 所示。

图 3-91 瑞士苏黎世某问讯台设计

2. 厕所、等候区

一个购物中心做得好不好，不一定只表现在它的建筑是否雄伟、壮观和漂亮，商品是否丰富，服务是否周到，功能是否齐备等方面，还表现在它的运营管理思想中的人性化关怀。成功在于细节，人性化的关怀也在于细节。香港购物中心的这种人性化的细节设计就无处不在，值得学习。

洗手间是每个购物中心都有的，主要是为了方便消费者。香港购物中心的洗手间细节设计充分体现了管理者的人性化关怀和服务理念。如 APM 购物中心在洗手间导向指示牌上附上所有楼层的标识，在偌大的购物中心中让顾客清楚地知道自己身在何处。洗手间的外面设有等候区，等候区设有精致典雅的石凳，让陪同来的朋友、家人在这里等候时有地方休息。购物中心为了给顾客创造愉悦的消费感受，始终坚持在细节之处取悦消费者，即使是在厕所的设计上都有独到的心思。这从一个侧面反映了商业购物空间的建设精神，那就是——简单之处也绝不简单！

3. 公用电话

大型商场内可设顾客用公用电话以方便顾客，提高服务质量。电话可结合顾客休息室或服务台统一考虑。营业厅每 1 500 m^2 宜设一处电话位置（应有隔声屏障），每处为 1 m^2。随着城市中移动电话数量的增多，可适当减少公用电话的设置数量。

（二）特殊商品销售需要的设施

某些商品如服装、乐器、音响、电视机、眼镜等在销售过程中需要使用一些特殊设施帮助顾客挑选，以提高服务质量使顾客满意。

（1）展销处。在大中型商场中，时常会有新产品展销活动或与厂商联合搞的促销活动，需在营销空间中适当辟出部分空间用于展销，展销处人流相对集中，应不影响其他人流的通行，保持正常的经营秩序。

（2）服装店可结合柜架布置划分出试衣空间或独立设置试衣间。男女应分设，用轻质材料作隔断，室内设有镜子、简易座位、挂衣钩，其空间尺寸应考虑人在试衣时的活动范围。

（3）试音室。在选购乐器、收音机、录音机、唱片、录音带、音响、电视机等商品时，为便于顾客了解商品的音质、音色，在销售柜架附近应设独立的试音室，避免对营业厅空间产生干扰，并采取适当的隔声措施，其面积不应小于 2 m^2。或在销售商品附近设置听音架用耳机收听，既节省了服务空间，又避免了相互干扰。

（4）暗室。在照相器材和眼镜部附近应设有暗室，供业务操作和配镜验光之用。

（5）维修处。维修处用于检修钟表、电器、电子产品等。其用地面积可按每一位工作人员 6 m^2 计。维修处可与销售商品的柜台结合。

五、卖场的休闲空间

（一）休闲空间的分类

随着社会的发展，商场不仅仅是商品买卖的场所，还是人们休闲的重要场所，即在满足人们物质要求的同时，注重满足人的精神需求，体现出人性化的特点。

商场的休闲空间可以对消费者身体和情绪进行调节。休闲的方式有多种，商场中的休闲空间分为休息、娱乐、餐饮、健身、文教等空间。每一类休闲空间又可细分出许多不同功能的空间，如餐饮类可分出中式快餐、西式快餐、风味小吃、冷热饮、咖啡厅、茶室等空间；娱乐类可分出电子游戏、各种棋牌、供儿童使用的游乐场及为老年人服务的书店等空间；健身类可分出台球、保龄球、按摩、徒手健身、简单器械健身等空间；文教类可分出书店、报刊阅览、绘画、书法、手工艺品、雕塑作品展销等空间。

这些休闲空间的设置适应了不同顾客的需求，使顾客在购物的过程中得到休息、娱乐，调节身心。文化设施的设置使商场具有文化气息，提高了人们的生活品位。同时购物之外的多种功能空间延长了顾客在商场内的逗留时间，增加了营业额，如图 3-92 所示。

（二）休闲空间的设计

商场内的休闲空间依托于商场，与独立的相应功能的建筑不同。商场中的各休闲空间内人流流动快，停留时间短，应注意人流的及时疏散。室内的空间环境宜雅致清爽，色彩以中性色或稍冷的调子为主，切忌明度和纯度很高、色彩繁杂、鲜艳夺目。商场中休闲空间应根据其规模、环境、经营理念等因素进行设置。若同时设

图 3-92　天津大悦城购物中心餐厅设计，延长了顾客在商场的逗留时间，聚集了人气

置多个不同功能的休闲空间，应注意动静分区及其与商场自身的关系。对于可能产生较大噪声的休闲空间，应采取相应的隔声措施，避免对商场造成干扰。餐饮类休闲空间应注意厨房的位置。

休闲空间在商场中的位置常见于顶层，也可在商场的某一层的适当位置，一般在周边，辟出小面积的休闲空间与商场相连通，这样的休闲空间一般为纯休息空间或较安静的冷热饮店、茶室等空间，如图 3-93 所示。商场中的休闲、餐饮、娱乐、文化设施常与中庭结合。中庭设置展示场所可设置如汽车展、住宅模型展等长期展览；也有如化妆品现场使用示范、婚纱摄影等产品和公司推介的临时性展示宣传；此外，还有快餐店、冷热饮店、游戏区、小型儿童活动场所等。在这里，人们在购物间隙以愉悦的心情享受着环境和服务，中庭成为满足人们多方面需求的交往空间。

图 3-93 天津大悦城购物中心，休闲区设计

六、卖场的无障碍设计

商场作为社会服务性建筑，应使所有群体均能享受到服务。残障人士作为特殊群体，应与正常人有同样的地位和享受平等的社会服务。商业建筑的无障碍设计方便了残疾人，体现着对他们的关怀与尊重，同时也体现出社会的文明程度。考虑到我国目前的经济水平和残疾人状况的差异，无障碍设计应首先实施于利用率最高的大型商业建筑，并主要针对那些尚能自己行动，但受环境障碍影响较大的肢体残疾者和视力残疾者，同时为老年人、孕妇、儿童及临时性伤残者提供方便。商场的无障碍设计主要体现在以下几个方面。

1. 坡道、楼梯、台阶和电梯

营业厅内应尽量避免存在高差，在有高差处设置阶梯的同时，应设供轮椅通行的坡道和残疾人通行的指示标志。供轮椅通行的坡道的宽度应视环境而定，单辆轮椅通过时净宽不应小于 0.9 m。坡道转弯处应设休息平台，休息平台的深度不应小于 1.5 m。坡道长度超过 9 m 时，每隔 9 m 要设一个轮椅休息平台。在坡道的起点及终点应留有深度不小于 1.5 m 的轮椅缓冲地带。坡道两侧应在 0.9 m 高度处设扶手，两段坡道之间的扶手应保持连贯。坡道起点及终点处的扶手应水平延伸 0.3 m 以上。坡道侧面凌空时在栏杆下端宜设高度不小于 0.5 m 的安全挡台。供拄杖者及视力残疾者使用的楼梯不宜采用弧形楼梯，梯段的净宽不宜小于 1.2 m，不宜采用无踢面的踏步和突缘为直角形的踏步，踏步面的两侧或一侧凌空为明步时，应防止拐杖滑出，明楼梯下需设栏护空间。

梯段两侧应在 0.9 m 高度处设扶手，扶手宜保持连贯。楼梯起点及终点处的扶手应水平延伸 0.3 m 以上。供拄杖者及视力残疾者使用的台阶超过三阶时，在台阶两侧应设扶手，台阶和扶手做法与楼梯扶手相同。扶手应安装坚固，应能承受人身体的重量，扶手的形状要易于抓握。扶手截面尺寸应符合相关规范的规定。坡道、走道、楼梯为残疾人设上下两层扶手时，上层扶手高度为 0.9 m，下层扶手高度为 0.65 m。多层营业厅应设可供残疾人使用的电梯。电梯候梯厅的尺寸不应小于 1.5 m × 1.5 m，电梯门开启后的净宽不得小于 0.8 m。入口平坦无高差。电梯轿厢尺寸不得小于 1.4 m × 1.1 m。厢内设 1 m 高的水平扶手，按钮上刻盲文。肢体残疾及视力残疾者自行操作的电梯应采用残疾人使用的标准电梯，并应接近出入口。出入口、踏步的起止点和电梯门前宜铺设有触感提示的地面块材。轿厢内设音响器，报告所到层数，方便盲人使用。

2. 通道

商场中柜架间的通道通过一辆轮椅走道净宽不宜小于 1.2 m；通过一辆轮椅和一个行人对行的走道净宽不宜小于 1.5 m；通过两辆轮椅的走道净宽不宜小于 1.8 m。走道尽端供轮椅通行的空间，因门开启的方式不同，走道净宽不应小于规范规定的尺寸。主要供残疾人使用的走道两侧的墙面应在 0.9 m 高度处设扶手，如图 3-94 所示，走道转弯处的阳角宜为圆弧墙面或切角墙面，走道两侧墙面的下部应设高 0.35 m 的护墙板，走道一侧或尽端与地坪有高差时，应采用栏杆、栏板等安全设施。走道四周和上空应避免设置可能伤害顾客的悬突物。营业厅内通路及坡道的地面应平整，地面应选用不滑及不易松动的表面材料。

图 3-94 天津大悦城购物中心 5号空间无障碍设计

3. 出入口、门

为方便残疾人，至少要有一个出入口平进平出，不设台阶和门槛，或者设置坡道及扶手。出入口应设在通行方便和安全的地段，其内外应留有不少于 1.5 m × 1.5 m 平坦的轮椅回转面积。设有两道门时，门扇开启后应留有不小于 1.2 m 的轮椅通行净距。公共场所最好使用自动门，供残疾人通行的门不得采用旋转门，不宜采用弹簧门。不能设自动门时，采用平开门时也应做到开得快、关得慢，保证行动迟缓的老年人和残疾人安全进入。门扇开启的净宽不得小于 0.8 m。门扇及五金等配件应考虑便于残疾人开关。门的两侧都应装棒式拉手，平开门的开关以肘式为好。原则上，平开门向室内开、双向开或向外开时，都要保证都能看到对面，以免相撞。必要的地方，门前设置盲道，装音响指示器。公共走道门洞的深度超过 0.6 m 时，门洞的净宽不宜小于 1.1 m。

4. 柜台

商业建筑中，柜台的设计也要考虑残疾人的特殊需要，专用柜台应设在易于接近的位置。应为轮椅使用者设低柜台，台面要尽量薄，下部凹入，留出保证腿部伸入的空间，以便于轮椅停留，使身体靠近柜台。盲人可通过盲道引导至普通柜台。

5. 卫生设施

商场应设供残疾人使用的卫生设施。设施应满足乘轮椅者进出，坐式马桶、洗脸盆等均能方便乘轮椅者靠近和使用。公共厕所应设残疾人厕位，厕所内应留有 1.5 m × 1.5 m 轮椅回转面积，应安装坐式便器，与其他部分之间宜采用活动帘子或隔间加以分隔，隔间的门向外开时，隔间内的面积不应小于 1.2 m × 0.8 m，男厕所应设残疾人小便器，在大便器、小便器临近的墙壁上安装能承受人身体重量的安全抓杆，抓杆直径为 30 mm 至 40 mm。

6. 标志

在安全出口、通道、专用空间位置处应设国际通用标志牌以指示方向。标志牌是边长为 0.10 m 至 0.45 m 的正方形，其上有白色轮椅图案、黑色衬底或相反，轮椅面向右侧。加文字或方向说明时，其颜色应与衬底形成鲜明对比。所示方向为左行时，轮椅面向左侧。

第五节 课后思考与作业

1. 问题与思考

（1）商店卖场各界面和配套设施装饰设计的原则与要点是什么？

（2）室内照明设计除了应满足基本照明质量外，还应满足几方面的要求？照明应用中的技巧有哪些？

（3）售货现场的布置形式及特点是什么？

（4）商场的无障碍设计主要体现在哪几个方面？

2. 作业

（1）分析某城市大型商城的空间设计，针对卫生间及休息区做出人性化设计，要求做出 5 张草图、1 张正式效果图。

（2）以某商场化妆品柜台为题，设计出 2 种不同的空间组合方式。

第四章
商业购物空间的室外设计

商业购物空间设计的成败要根据各项设计要素是否得到满足来衡量判断。商业购物空间外部设计的主要内容包括商业购物空间选址与商业购物空间外观设计等方面。商场的选址是商场立项及筹建时应考虑的首要问题，好的地点等于成功的一半。而商业购物空间的外观则给人第一印象，代表着商业购物空间的形象。所以，商业购物空间成功的选址与外观设计是其成功设计的先决条件，如图 4-1 所示。

图 4-1 天津大悦城购物中心地处交通枢纽，因有超大的地下停车场吸引了许多顾客

第一节 商业购物空间的选址及外部设计的概念

“酒香不怕巷子深”这种古老的经商哲学已开始受到越来越多人的质疑，现代商业购物空间设计重视卖场所在的地理位置，设计人员需对附近的商业环境、交通状况、顾客消费圈、竞争店情况、自然环境等各个环节进行综合考虑和理性分析。

一、选址考虑因素

影响商业购物空间选址的因素有很多，其中城市商业条件因素、店铺位置条件及店铺本身因素等是主要因素。

（一）城市商业条件因素

商业企业的发展与社会经济发展紧密联系。人均收入水平、商品供应能力、交通运输条件、技术设施状况及人们的消费习惯、消费观念等都对商业购物空间的经营有直接影响。这里所指的城市条件包括以下几项。

1）城市类型

设计人员要判断商业购物空间所在城市是否属于工业城市、商业城市、中心城市、旅游城市、历史文化名城或新兴城市，是大城市、中等规模城市，还是小城市。

2）城市能源供应及设施情况

能源主要指水、电、天然气等经营必须具备的基本条件。商业空间中的公共设施是否完备也会影响其对消费者的吸引力。

3）交通条件

这里的交通条件是指整个城市的区域间及区域内的总体交通条件。

4）城市规划情况

城市规划情况包括城市新区扩建规划、街道开发计划、道路拓宽计划、高速或高架公路建设计划、区域开发规划等，这些因素都会影响到商业购物空间未来的商业环境。而且区域规划往往会涉及商业购物空间的拆迁和重建，商业购物空间也许会因此失去原有的地理环境，甚至面临拆迁。例如有的商业购物空间在选址时未对城市及区域规划情况做必要的了解，结果开张不久由于商店卖场前面的道路拓宽，原先的停车场被占用，停车场地的消失也使很多驾车前来的老顾客消失了。

5）地区经济情况　　　，

地区经济情况包括地区商业经济的增长情况，以及不同类型的各地区的商业发展方向、经济增长的模式等。

6）消费者因素

消费者因素包括人口以及消费者的收入、家庭组成、闲暇时间的分配、外出就餐的频率、消费习惯、消费水平、饮食口味及偏好等。

7）旅游资源

这一因素主要包括过往行人的多少、游客的种类等。设计人员需对旅游资源进行仔细分析，综合其特点，为商业购物空间选择恰当的位置和经营的商品种类，如将商店设于繁华的商业区，如图 4-2 所示。

8）劳动力情况

此因素包括当地劳动力的来源、技术水平、年龄和个人可用性等。

图 4-2 日本最繁华的商业区之一，大阪心斋桥购物中心

（二）商业购物空间的位置条件

1）街道类型

设计人员要考虑商业购物空间面对的是主干道还是分支道，人行道与街道是否有区分，道路宽度、过往车辆的类型以及停车设施如何等。

2）客流量和车流量

设计人员要对商业购物空间前面通过的客流量及车流量进行估计，其中分析客流量还应注意按年龄和性别区分客流，并按时间区分判断客流量与车流量的高峰值与低谷值。

3）地貌

地貌是指商业购物空间所在位置表层土壤和下层土壤的情况。例如坡度和表层排水特性都是商店卖场的重要特征，设计人员应予以考虑。

4）地价

虽然一个店址可能拥有很多令人满意的特征，但若该区域的地价太贵也是一个不可忽视的重要因素。

5）区域设施的影响

设计人员需分析经营区域内的其他设施会对业务经营产生何种影响，这些设施包括学校、电影院、歌舞厅、商业购物中心、写字楼、体育设施、交通设施和旅游设施等。

6）竞争

对于竞争的评估可以分为两个不同的部分来考虑。提供同种类型的商品服务的商店卖场可能会导致直接的竞争，属于消极因素；但另一方面竞争店的存在会对整个商业圈的繁荣起到促进作用，这就是人们所指的“商圈共荣”。例如在天津滨江道上相隔不到 200 米的距离内，坐落着两家规模相当、装修颇富日本特色的商店。这两家同一定位的商店在选址上采用了“扎堆”策略。这种选址方式利于商品储藏、人员调配及管理，追求 “共荣”效应。

（三）商业购物空间的本身条件

1）店铺的租金及交易成本

店铺的租金以及交易成本都是决定卖场选址的重要因素。

2）店铺的停车条件

随着驾车购物的消费者越来越多，良好的停车场所也被列为商店卖场经营的必要条件。

3）原料进货空间

对商业购物空间来说，原料进货空间的充足同样也是选址时需要考虑的一个重要因素。

4）店铺安全性及卫生条件

商店卖场店铺内的安全性、防火及垃圾废物处理条件要满足相关要求。

5）商业购物空间可见度

商业购物空间可见度是指卖场位置的明显程度，应尽量使顾客从任何角度看，都能获得对商店的感知。商业购物空间的可见度直接影响商店对顾客的吸引力。

6）商业购物空间的规模及外观

商业购物空间基址的地面形状以长方形及方形为好，土地利用率较高。在对地点的规模及外观进行评估时也要考虑到未来消费的可能。

二、外部设计方法

商业购物空间的视觉形象及外观就像商店的脸面，最引人注目，也容易给人留下深刻的印象。虽然商业购物空间的门面装饰不能改变商店卖场产品的性质，从表面上看似乎可有可无，但实际上对商业购物空间起着很大的宣传作用，能直接刺激顾客的购买欲望，吸引顾客进店。商业购物空间的外观是商店卖场销售的前奏曲，因此结合各种装饰技巧，构思、设计与众不同的、具有吸引力的外观形象是商店卖场得以取胜的法宝。而且，一个成功的外观设计不仅能吸引更多的顾客，获得显著的经济效益，还能美化自身，在表达对顾客尊重的同时也美化了环境。

（一）商业购物空间视觉形象的设计原则

现今的商业购物空间经营越来越重视视觉系统的开发，视觉形象在商业购物空间的整个卖场形象中占重要地位。对商业购物空间而言，企业视觉系统开发应注意下述原则。

1. 简洁、深刻

视觉系统设计的目的是要社会大众认识、了解并记住企业及其产品，所以视觉系统标识等内容应简洁明快。企业的标识不仅仅是一个符号，还应能传达企业的理念及企业自扩性。在设计时应首先了解企业的内在需要及标志的表达功能，然后运用点、面、线及色彩来体现和表达，同时要注意构思新颖巧妙，如图 4-3 所示。

图 4-3 瑞士苏黎世商业街区，时尚手表店铺外檐设计

2. 生动、独特

视觉系统是一种无声的语言，应具有较强的感染力，才能在众多形象中脱颖而出，为大众所关注。视觉形象切忌雷同，雷同对企业的不利方面如下。

（1）使公众不能明确地了解企业希望树立的形象，容易造成混乱，导致 CIS（企业形象识别系统）计划的失败。

（2）给公众造成一种不良的印象：该企业没有创新，不积极参与市场的公平竞争，有欺骗公众的倾向。

3. 美感、人情味

视觉形象缺乏美感和艺术表现力会降低它的作用。视觉系统的设计过程是一种艺术创造过程，顾客进行识别的过程同时也是审美的过程。所以标识设计必须符合美学的标准，注意图案的比例与尺寸、统一与变化、对称与均衡、节奏与韵律、调和与对比，以及色彩的情感与抽象的联想等。

充满人情味的标识设计能充分表现出企业的亲和力，使顾客对企业产生亲切感，如图 4-4 所示。

图 4-4 天津营口道商业街区时尚运动店铺外檐标识设计

（二）商业购物空间外部设计的发展趋势

随着时代的发展，人们对商业购物空间的使用要求和审美要求越来越高，反映在商店卖场与门头的设计中，有以下几种发展趋势。

1. 人本主义的体现

现代商业购物空间中总是体现着一种人本主义的思想，具体表现在以下几个方面。一是现代商业购物空间更为敞开与通透，以适合现代人开放与向往交流的心理。因此，商业购物空间采用了大量通透的材料和金属镜面材料，并利用宽敞的门廊、大型雨篷、台阶、休闲广场等设施来扩大过渡空间，创造出一种内外渗透、层次丰富的开放式环境，如图 4-5 所示。二是现代商业购物空间的陈设应满足人们休闲和观赏的要求。近年来建造的大型公共商业购物空间的入口前一般都设置休闲广场或庭院，栽种绿植，布置盆栽，设置水景，安放凳、椅、遮阳篷等，以方便人们休息、观景等。三是雕塑、景观小品的设置加强了商业购物空间的亲和力。四是现代商店卖场提供了更为便捷的交通

图 4-5 天津营口道商业街区，时尚店铺外檐雨篷设计

网络，如多层的商店卖场布局为人们出入提供了极大的便利。

图 4-6 天津营口道商业街区，街道中央的创意花箱设计

2. 环境意识的加强

现代城市中，人们的环境意识正在不断加强，这包含两方面内容：一方面人们不断地研制无毒、无害的环保型“绿色”建材，竭力创造一种“无公害”的环境。另一方面大力提倡“将自然引入商业购物空间”的设计思想。大量利用绿化和水景来柔化商业购物空间的环境，利用草地和铺装相结合的方法来美化入口环境，已成为当前流行的设计手法，如图 4-6 所示。

图 4-7 东京表参道，商业街区外檐设计

3. 新材料的运用

随着高科技的发展，一些性能更为优良、外观更为美观的材料大量进入市场，为商业购物空间设计、装饰设计创作提供了新的途径，使过去在结构上无法实现的设计思想成为现实，同时也大大改变了入口与门头的结构形式和视觉效果，如图 4-7 所示。

4. 审美情趣的演变

人的审美情趣是文化内涵的表露，含有时代、民族、地域的特征，也是人的一种文化素质的集中表现。随着我国居民总体文化层次的提高和东西方文化的广泛交流，人的审美情趣发生了改变。当今是一个信息的时代，各种文化交融在一起，因而现代人已不满足于某种单一的文化表象，而是对现代与传统、东方与西方、各个地域的文化特征兼收并蓄，使它们广泛地交融在一起，产生一种新的多元的文化内涵和审美倾向。显然，在商业购物空间外部设计中也反映了这种倾向，如图 4-8 所示。

三、建筑外部要形成消费动力

为吸引人流汇聚，购物中心都各出奇招。购物中心能在三个层面上构成对消费者的吸引。

图 4-8 上海城隍庙，商业街区中华料理外檐设

第一个层面是建筑的天际轮廓线，可以用一根线条来表达。第二个层面是中观层面的感知，如立面和主入口的设计。第三个层面是微观层面的感知，如细部和材质等。在这三个层面中，中观层面的感知对人流的吸引起着重要作用，其中主入口是否有独特的造型和醒目的记忆符号则是中观层面感知的关键元素，如图 4-9 所示。

图 4-9 北京 SKP商业购物中心，在主入口的设计上，充分体现了一个国际化大都市的气质，它不仅成为 SKP的标志，更是众多年轻人的消费目的地

第二节 商业购物空间外部设计的方法

商业购物空间入口的大小尺度是根据商店卖场的体量、人流、车流的大小来决定的。商业购物空间的入口位置可设在商店的不同部位，如商店立面的中部、拐角处、边部以及商店平面的端部。另外还可设在商店的不同标高处，如地下室、底层、二层、三层等。不同大小、不同部位的商店入口的形态是不同的。

一、不同形态的入口与门头

根据不同形态，入口与门头可分成平面型、凹入型、凸出型与跨层型四种。根据建筑设计的阶段区分，其可分为与建筑设计同步完成的本体型入口以及在建筑设计之后再二次设计的重构型入口。

1. 平面型

这种类型的入口与门头的立面与建筑的立面基本处于建筑平面的同一轴线位置上，呈平面型，如图 4-10 所示，它往往能保持建筑外墙的整体感和立面构图的简洁性。在建筑立面与规划红线靠近的情况下，如大部分临街的小型商店通常采用这种类型的入口与门头。

图 4-10 天津营口道商业街区商场入口外檐设计

2. 凸出型

这种类型的入口与门头在形态上凸出于建筑物的外立面，如图 4-11 所示。

3. 凹入型

这种类型的入口凹入于建筑外立面之内，入口的构造与建筑构造融为一体，内凹的虚空间与建筑外立面形成鲜明的形体和光影对比，给人以丰富的空间层次感。当大型公共建筑的外立面与规划红线紧靠时，往往采用这种类型的入口。另外，一些现代大型建筑为了取得一种特殊的文化含义或一种震撼的视觉效果，也常采用这种类型的入口，如图 4-12 所示。

图 4-11 日本东京表参道商业中心日式料理店的凸出型入口特色设计

图 4-12 日本东京表参道商业中心购物中心凹入型入口

4. 跨层型

有的商业购物空间与门头跨越数层，形成立体交通网或大面积的门头装饰，这种跨层型的入口与门头一般适用于大型公共建筑，可以使建筑内外的交通更为便捷，同时也使建筑立面的造型更为丰富，如图 4-13 所示。

二、不同设计阶段形成的入口、门头

1. 本体型

有的建筑在设计时对下部数层的使用功能已明确，或者整幢建筑的使用功能较单一，它的入口可以在建筑设计时一次性形成，这种入口称为本体型入口。其形态、色彩、材质等都是建筑本体的有机组成部分，因此在视觉上容易与建筑本体形成统一的整体感。

本体型入口严格来说又可分为以下两种形式。一种是靠本体的受力结构来构筑形态，它以暴露内在结构或者以超常的体量与尺度来展示震撼人心的效果。另一种是由建筑的实体界面围合形成的敞开型入口，它的特点是利用围合空间作为形态处理的重点，而将界面的表层处理放在其次。这种类型的入口在形态上有拱形、弧形、矩形等；在尺度上有符合人体常规尺度的，也有与建筑尺度相吻合的非人体尺度的；在空间序列上有内外空间分明的，也有内外空间互相渗透、交叉的。

总的来说，本体型入口体现以下四种特征。

（1）入口作为建筑的一个局部，与建筑的整体关系紧密。

（2）入口的形态展示了建筑结构和构造的形式。

（3）入口的形态展现了建筑本体空间或环境空间的序列性。

（4）入口的平面关系反映了建筑功能的合理性。

图 4-13 日本东京银座商业中心时尚购物商场的跨层型入口

通常状况下，这四种特征都同时反映在建筑的同一入口上，如图 4-14 所示。

2. 重构型

有些建筑设计因下部数层的使用功能未确定，故无法对入口与门头深入考虑，还有些建筑虽然已有了入口与门头，甚至有了较完美的入口与门头，但是因为建筑内部的使用功能发生了变化，而入口与门头无法表达建筑内部的功能特征，这类建筑的入口与门头均需在使用功能明确后进行重构性二次设计，即形成重构型入口，如图 4-15 所示。重构型入口主要有以下几个特征。

（1）建筑结构与重构的结构或构件可以分开，也可以合为一体。

（2）建筑结构与重构结构构件的可分可合决定了入口的形态随功能的改变可以不断变化，从而使入口具有很强的适应性。

（3）重构型入口更多地通过符号来表达某种含义。这类符号包括图像符号、提示符号和象征符号。有些图像符号以具体的图像显现，具有间接或含蓄表达含义的效果。提示符号中除雨篷、门标外，企业标志也是一种很重要的元素。象征符号则具有约定俗成的象征意义。

图 4-14 日本东京银座商业中心时尚购物商场的入口与门头特色设计

图 4-15 在原建筑上设计的重构型入口

三、商业购物空间外部设计的若干因素

1. 建筑功能特征的体现

建筑内部的功能与性质是入口与门头形态设计首先要分析研究的重要因素。内部功能不同的建筑物对入口与门头的形态要求是不同的。商业店面入口与门头的形态语言带有强烈的商业气息和吸引顾客的意图；餐饮娱乐建筑入口与门头的形态语言则是世俗、随和、休闲的。另外，有些建筑的特殊使用功能也要求入口与门头有一些特殊的形态。如人、车流量较大的建筑要考虑多个入口或建成立体交通网来疏散与缓解人流、车流；大型公共建筑入口与门头要设置较大的雨篷来满足停车、回车和人们上下车的需要等。总之，在大力提倡“人性化设计”的现代社会中，一切符合人的需求的功能在设计中都应视为必要的。

2. 建筑形态的制约

商业购物空间的入口与门头是在建筑本体存在的前提下产生的。因此，建筑本体的形态应是入口与门头形态的母体。在设计入口、门头时，应注意其与建筑本体的关系。处理这种关系在不同的情况下有下面三种方式。

（1）依照“和谐为美”的设计原则，强调整体的统一感。

（2）采用对比方式来突出入口的位置或强调入口的力度。

（3）在某种特定的场合下，如在旧建筑上改建的商业店面等，入口与门头的设计可以不考虑原有的建筑形态，而主要依据自身的要求确定。

3. 周围环境的影响

建筑周围的地形地貌、道路模式、空间环境、气候风向等一系列环境因素，都是影响入口与门头设计的因素。城市中紧临道路而建的大型建筑必定要远离规划红线，使入口处留出充分的空地作为缓冲空间使用，或将入口、门头设计为内凹型。

若建筑前空地较大，则其入口除设置广场外还可布置宽大的雨篷、门廊等，以满足交通、休闲等功能的需要，并可丰富入口的形态与层次。在有高差的地形中，建筑因势而就，同时也应立体布置多个入口以利人、车的出入。气候与风向是考虑入口是否要增加遮蔽构件的因素。处于热带的建筑，其入口常设计成白色且宽大深远的门洞，这是出于反射日光、通气遮阴的需要。而北方的建筑入口常采用双道门并施以深色，这是出于对保暖避风的考虑。

4. 文化特征的表现

不同的时代、地域、民族有着各不相同的文化特征，人们对于建筑入口与门头的功能要求与

审美情趣千差万别。在设计建筑入口与门头时，要充分考虑到这一重要因素，对不同的建筑入口应赋予不同的文化内涵，只有这样，才能设计出较高品位及具有个性的入口与门头。不同的历史时期，人们的审美观是不同的，在古典的传统理念中，“和谐为美”一直被奉为设计和审美的原则，而现代人则较易接受个性美。不同地域的人们对建筑的审美情趣也各不相同。同在中国，北方人大多喜爱庄重、敦厚的建筑形式，对于传统建筑常以富丽堂皇的“皇家气”为美，建筑门头上的琉璃、斗拱、彩画成为普遍的装饰。

5. 建筑经济的投资

建筑需要大量的资金投入，建筑入口与门头也同样如此，其规模的大小、材料的选用、装饰构件的制作、工艺技术的水平等无一不涉及资金投入的多少。我国目前还是一个发展中国家，建设资金仍然匮乏，因此，在满足功能以后，一味地追求外表的豪华气派而不切实际地耗费大量的资金，这种做法是不可取的。

6. 政策法规的限制

如同建筑一样，商业购物空间的入口与门头也受制于各种建筑管理的法规与政策，在设计前应充分考虑到这个因素。《民用建筑设计通则》严格规定：建筑物不得超出建筑控制线（建筑红线）建造，并且要在周边留出消防用的通道和设施。在人员密集的电影院、剧场、文化娱乐中心、会堂、博览会场馆、商业中心等建筑中，至少要有两个不同方向的通向城市道路的出入口，而主要出入口应避免直对城市主要干道的交叉口。主要出入口前面要留有供人员集散用的空地，空地的面积应根据建筑的使用性质和人数来确定。

在门头的设计中，应该注意到《民用建筑设计通则》中严格规定，在人行道的地面上空 2 m 以上方能有建筑突出物，且突出宽度不应大于 0.4 m；2.5 m 以上允许有突出的活动遮阳物，突出宽度不应大于 3 m；3.5 m 以上方能允许有雨篷、挑檐，突出宽度不能大于 1 m；5 m 以上允许有雨篷、挑檐，其突出宽度不能大于 3 m。另外，有些特殊性质的建筑还有各种特殊的规定，在此就不一一赘述，设计者应针对具体设计项目尽可能详尽了解各种规定和政策并认真执行。

7. 结构形式的确定

商店卖场入口和门头的设计离不开建筑结构设计的配合。特别是加建的重构型门头，更应该考虑建筑结构问题。在入口、门头设计中对结构问题的考虑主要有以下两个方面。

（1）采用什么样的结构形式解决门头、门廊、雨篷等构筑物的受力问题，采用悬挑结构，还是支撑结构。

（2）门头、门廊、雨篷等构筑物的形态在结构上是否合理，有无实施的可能性。这些问题需通过结构师进行结构计算和结构设计方能解决。

8. 构造方法的选择

一个完美的商业购物空间、门头设计需要选择合理的构造方法。一个成熟的建筑设计师、装饰设计师应该娴熟地掌握建筑构造、装饰构造的知识。诸如各种材料之间如何连接、各种材料的固定方法，各种饰面材料的性能等，所有这些问题设计师都必须做到心中有数、运用自如。另外，由于新型建筑材料、装饰材料的不断产生，设计师必须不断地认真研究新材料的性能并设计出新的建筑构造、装饰构造。

四、商业购物空间入口、门头的构成元素

商业购物空间入口与门头的构成元素包括门、雨篷、门廊、入口空间、环境小品与细部。

1. 门与周边的界面

不同功能、不同体量以及不同风格的建筑入口，所选择的门的形式可以多种多样，如平开门、移动门、折叠门、弹簧门、伸缩门、转门、玻璃门、金属门等。各种不同材质的门给人带来的视觉感受是不同的，实体的门突出表现了材料本身的色彩、肌理、光泽等特性，而透明的门除表现自身的材料特性外，在视觉上还将室内、室外的景观联系起来，使之相互渗透，形成丰富的层次感。与门相连的周边的界面也可用不同的材料制作，以形成通透与不通透的两种视觉效果，如图 4-16 所示。设计时应充分考虑入口的功能与形态的需要，来合理选择门的尺寸、形式、风格以及门与周边界面的材料。

2. 雨篷、门廊

雨篷的作用是在入口处形成一个遮蔽的空间。在雨篷边沿处设柱即形成门廊，给人们在转换室内与室外场所时提供一个必要的缓冲地带，以便停车、等候等。雨篷出挑的距离根据城市建筑的红线而定。如建筑红线内有足够的空间，则可以做悬挑较长的雨篷，反之则不能。

雨篷与门廊在入口与门头的设计中可创造出多种形式，而多种形式的雨篷、门廊通常被处理

图 4-16　门与周边的界面入口的设计

成一种具有文化内涵的符号，这些符号往往就成为表达建筑文化、装饰文化的主要元素，如图 4-17 所示。

3. 入口空间

入口是一种过渡空间，包含雨篷、门廊下所形成的空间，也包含广场、庭园等外围空间，如图 4-18 所示。

图 4-17 瑞士苏黎世沿街店铺雨棚的设计

图 4-18 天津营口道商业街区时尚购物商场的入口特色设计，建筑外围空间的范围是入口与建筑规划红线之间所形成的空间。这个空间的大小是根据建筑的不同性质、各种规范的不同要求所决定的。它的作用也是多种多样的，如对于人流量较大的建筑，入口空间可设置多种通道；对于大型商场或大型行政办公楼，入口空间也可作为休闲广场以满足人们停留、休闲、观景的需要

4. 环境小品与细部

环境小品包括地面铺装、休闲设施（桌、椅、凳、遮阳篷等）、标牌、广告牌、安全设施（护栏、立柱等）、景观小品（雕塑、水景等）、绿化设施（花坛、花池等）、照明设施（灯架、灯柱、地灯等）等。

现代化大型商业街一般设置地面铺装、坐凳、绿植、照明灯等环境设施，使商业街的形象得以改观，提高了艺术品位，并符合人性化的要求。这些附属设施虽然不是入口的主要构件，但它们设置得当与否，与整个入口的功能艺术品位有着很大的关系，在设计时务必给予重视。为了强调某些建筑的文化内涵，或者为表达某些企业文化，入口与门头的某些局部可以加强细节、CIS 形象、标志、标识、图案等，如图 4-19 和图 4-20 所示。

图 4-19 日本环球影城的特色风格设计

图 4-20 天津营口道商业街区的景观小品，雕塑形象生动地展现了天津地方的人文景观

五、商业购物空间的招牌设计

招牌是商业购物空间十分重要的宣传工具，是店标、店名、造型物及其他广告宣传的载体，是商业购物空间卖场视觉系统的重要传播媒体。它以文字、图形或立面造型指示商店卖场的名称、经营范围、经营宗旨、营业时间等重要信息，是商店卖场门面极具代表性的装饰部分，起到画龙点睛的作用。设计到位的商店卖场招牌能把企业的标志、名称、标准色及其组合与周围环境，尤其是建筑物风格有机地结合起来，全方位地展示给顾客与公众。商业购物空间招牌应醒目地展示店名及商店卖场标志，突出企业在周围环境中的识别性，强调和突出企业形象，在夜间，还应配

以灯光照明。商业购物空间的招牌在导入功能中起着不可缺少的作用与价值，要采用各种装饰方法尽量使其突出，例如用霓虹灯、射灯、彩灯、反光灯、灯箱等来加强效果，或用彩带、旗帜、鲜花等来衬托。

图 4-21 天津大悦城商业中心内店铺的特色招牌设计

1. 招牌的质地选材

招牌可选用薄片大理石、花岗岩、金属不锈钢板、薄型涂色铝合金板等材料。石材门面显得厚实、稳重、高贵、庄严；金属材料门面显得明亮、轻快、富有时代感，如图 4-21 和图 4-22 所示。

图 4-22 天津大悦城商业中心地下入口处的特色招牌设计

2. 招牌的文字设计

除了店名招牌以外，一些以标语口号、隶属关系和数字组合而成的艺术化、立体化和广告化的招牌不断涌现。在招牌的文字设计上，应注意以下几点。

（1）招牌的字形、大小、凹凸、色彩应统一协调，美观大方。悬挂的位置要适当，可视性强。

（2）文字内容必须与本商业购物空间经营的产品相符。

（3）文字要精简，内容立意要深，并且易于辨认和记忆。

（4）美术字和书写字要注意大众化，中文及外文美术字的变形不宜太过花哨。

3. 招牌的种类

（1）悬挂式招牌。悬挂式招牌较为常见，通常悬挂在门口，除了印有店名外，通常还印有图案标记。

（2）直立式招牌。直立式招牌是在商业购物空间门口或门前竖立的招牌。这种招牌比挂在门上或贴在门前的招牌更具吸引力。直立式招牌可设计成各种形状，如竖立长方形、横列长方形、长圆形和四面体形等。招牌的正反两面或四面体的四面都印有商店卖场名称和标志。直立式招牌因不像门上招牌那样受尺寸限制，因此可以设计一些美丽的图案，更能吸引顾客注意。

（3）霓虹灯、灯箱招牌。在夜间，霓虹灯和灯箱招牌能使商店卖场更为明亮醒目，制造出热闹和欢快的气氛。霓虹灯与灯箱设计要新颖独特，可采用多种形状及颜色。

（4）人物、动物造型招牌。这种招牌具有很大的趣味性，使商业购物空间更具有生机及人情味。人物及动物的造型要明显地反映出商店卖场的经营风格，并且要生动有趣，具有亲和力。

（5）外挑式招牌。招牌距商店卖场建筑表面有一定距离，突出醒目，易于识别。

（6）壁式招牌。壁式招牌因为贴在墙上，其可见度不如其他类型的招牌。所以，要设法使其从周围的墙面上突显出来。招牌的颜色既要与墙面形成鲜明对照，又应相协调；既要醒目，又要悦目，如图 4-23 所示。

4. 招牌的位置

招牌的主要作用是传递信息，所以放置的位置十分重要。招牌的位置以突出、明显、易于认读为最佳原则。招牌可以设置在商店大门入口的上方或实墙面等重点部位，也可以单独设置，离开店面一段距离，在路口拐角处指示方向，如图 4-24 所示。

图 4-23 天津大悦城商业中心壁式招牌，多重色彩和多种造型的设计搭配使招牌十分醒目

图 4-24 天津大悦城购物中心的华为指示标识特色设计

六、商业购物空间门头造型设计的基本方法

入口与门头的造型设计主要从尺度、形态、材料三方面着手。

（一）尺度的选定

尺度是指以参照物为基准形成的一种合适的比例关系。由于入口处于内外部空间的交界处，因此设计时需要同时考虑其与外部空间尺度和人体尺度两部分之间的关系。外部空间的参照物大，与之对应的入口尺寸就要求较大，但这个尺寸与人体尺度相比，就显得不合适。为了处理并调和两者之间的矛盾，在门头中往往采取“放大”门的方法：做门楣或在门的上部做另外的装饰构件、装饰面，以此来协调建筑外部形体与门洞的尺度关系。

入口与门头的尺度选定与建筑物内部的功能也有很大的关系。如一些商业店面、餐厅、娱乐场所的门头尺度往往由于强调商业因素而不与建筑形体的尺度相协调，刻意以大面积的门头作广告来宣传自身的产品。

（二）形态的设计

入口与门头的形态设计是通过风格的选择、形体的组合、细部的刻画这三个方面来实施的。

1. 风格的选择

入口、门头的造型风格与建筑的风格相一致仍是设计的基本出发点，但同时也必须注意到以下三方面的问题。

（1）必须考虑建筑内部的功能。不同功能的建筑物入口与门头的风格是有所区别的。

（2）当代的建筑领域已形成一种个性化的设计倾向，而高科技材料与技术的应用为这种空间打开了大门，大胆的创新、不断的求异使入口、门头的造型更为丰富多样。

（3）现代建筑风格的特征是越来越向多元化的方向发展，入口与门头的风格同样如此。一方面，现代主义、后现代主义的风格已被人们广泛接受。另一方面，传统的民族风格、地域风格与古典风格已逐步走向与现代化风格相结合的道路，从而促使“现代古典化”风格形成。在这些新的创作手法中，有的是将古典的建筑元素加以抽象，形成符号融入现代风格的建筑中，有的是在现代化的建筑构件中渗透出一种古典元素的风韵；有的是将古典元素与非古典元素组合在一起，创造出一种新奇的形态，如图 4-25 所示。

2. 形体的组合

形体组合是将数个几何形体通过解体拼合、交叉咬接等方法构成一个具有整体性的形体。

在整个建筑形体中，入口、门头属于建筑的子形体，因此，这个子形体必须服从于整体，无论是形成统一关系还是形成对比关系，都不能破坏整个建筑形体的美感，如图 4-26 所示。另外还要注意到，形体组合的视觉感还和观赏的距离有关，设计时应把握形体在不同空间距离中的尺度关系。

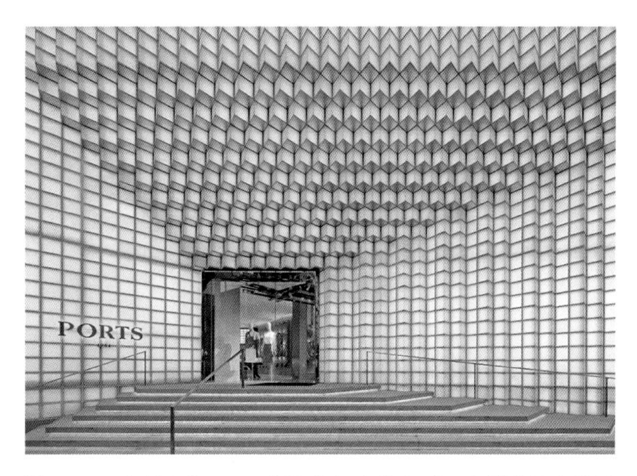

图 4-25　中国宝姿 1961上海旗舰店外立面，在原建筑上设计的重构型入口

3. 细部的刻画

从逻辑上讲，建筑的细部可以使人们更容易认识整体，入口与门头是整个建筑的细部，而入口与门头上的细部就是细部中的细部，因此对它们的刻画显得尤为重要。入口与门头的细部刻画一般通过以下几种手法进行。

（1）在门头的轮廓部位和形体转折处进行装饰刻画。

（2）在入口空间序列的转折处强调界面的刻画和设置装饰小品。

（3）对符号进行强化处理，对一些建筑的标识、企业文化的标志、体现某种内涵的形象符号等进行重点刻画，从而加强人们对这些符号的视觉感受。

（4）在门头的主要立面上，通过对某些构件、某些符号的反复运用并对它们的形体进行有序排列，从而使入口的立面产生一种节奏和韵律的美感，如图 4-26 所示。

在亮化设计时应注意以下几点。

（1）店面被照物的照度应均匀，而门头的照度应加强。

（2）选择正确的灯光投射位置和角度，以准确地表现设计效果。

（3）在确定灯光投射位置和装饰材料时，应避免产生眩光。

（4）选择合适的光色组合，用霓虹灯重点勾勒门轮廓、装饰图案、商店名，如图 4-27 所示。

（三）材料的选择

适用于入口与门头的材料有金属、木材、石材、混凝土、贴面砖、玻璃、化学有机砖等。入口与门头所选用的饰面材料不仅应满足结构或功能的需要，而且应用不同的质感来创造不同的视觉效果。

图 4-26 日本东京银座商业街中的外檐特色设计具有整体感

图 4-27 天津大悦城购物中心商业中的外檐特色设计

材料的质感是通过材料的表层纹理来体现的，不同质感的材料给人以不同的视觉感受。粗糙的质感有一种凝重、厚实的感觉，光滑的质感给人以洁净、明快的印象，反光变化显得丰富而又强烈。透明材料给人以明亮、开敞、轻快的感觉。镜面反映物像，使环境显得深远、开阔。镜面石材给人以豪华、富丽、典雅等感觉。轻金属钢架给人灵秀、有序、飘逸的感觉。不锈钢具有光亮、豪华的效果。木材具有朴实、亲切、温馨、典雅的气质。由于材料质感能体现丰富的视觉特性，因此在建筑入口、门头的设计中应该认真地选择材料，以创造更好的入口、门头形态。

另外，材料质感给人的视觉效果与人的观赏距离密切相关。质感细腻的材料近距离观赏效果好，故应设计在人可以近距离观赏的地方。而质感粗糙的材料远距离观赏效果较好，应设计在适合远距离观赏的地方。质感光洁的材料（如金属、镜面等有反光效果的材料）在近、远处都能被强烈地感受到，故这种材料的观赏范围可以扩大。

在选择入口、门头的材料时，要考虑整体建筑所用的材料，也可以通过对比的关系来突出入口与门头的效果。设计师应对各个建筑的不同状况进行综合分析来确定建筑材料。不同的建筑材料因质量、硬度、强度和韧性的不同，组成构件的结构形式、构造方式也会大不一样。现代社会中，随着高科技与工艺的迅速发展，一些新型的材料越来越多地以商品化的方式出现在市场上，这使得现代人不断求新、求异的设计思想得以实施。现代工艺使木制构件更易批量加工，并且外形更为美观。灯箱制作技术的提高为商店的门头制作开创了一片新天地。

七、各类商业购物空间的外部造型设计

各类商业购物空间的外部以自己独特的造型、色彩、材质和体量等向人们展示自己的存在。在闹市里的商业街区，店面的设计起到了一种对顾客 “请君入内”的吸引效果。在这一方面，大中型商场特别是那些超级规模的商业中心等无疑具有先天的优越条件。其规模之大，货品之多，知名度较高，使得顾客纷纷有目的地前往。

1. 大型商业复合型建筑

大型商业复合型建筑由于通常由写字楼、酒店、商业中心或公寓、住宅、车库等多项设施组成，这个大厦或建筑群本身就可能成为城市的著名建筑或标志性建筑，而设在其中的大型商场又通常被设置在最易找到的部位，如北京新东方广场、北京国际贸易中心、广州世界贸易中心、深圳地王大厦、重庆大都会广场等，国外的如美国圣 · 路易斯中心。这些复合商业大厦的外观设计或庄重典雅，或时尚前卫，或造型独特，成为当地最著名的建筑组团之一，甚至享誉世界。

2. 新型商业街区、商业中心

它们以商业零售商场为主，集合餐饮、娱乐等设施组成，同商业复合型建筑相比，少了宾馆、写字楼等项目。建筑多以线、面构成。它们的建筑组成通常以核心商场为主，与丰富的室内外环境布置和带有透光的廊道、中庭、步行街等有机结合，建筑外观和环境极具特色，如美国柏灵顿商业街、椰风步道，日本东京太阳漫步市场，北京的新东安市场，广州的天河城广场等。

3. 以大型零售企业为核心的建筑（包括大型零售百货商场和超级市场、仓销式商场）

比起前两种建筑，这一类整幢建筑基本上由一家大型零售企业进行管理和控制，国内比较典型的有北京王府井大楼、北京西单百货大厦、广州百货大厦、广州友谊商厦、上海友谊商厦、广州好又多量贩、广州正大万客隆、深圳沃尔玛等。

在大型商场的建筑立面上，通常用色彩对比、形体对比、材料质感对比和虚实对比来强化入口与门头的视觉效果。为了适应人们“购物、休闲一体化”的观念，尽可能地扩大入口空间，如图 4-28 所示。为了达到这个目的，有以下四种做法。

（1）在入口用地面积较紧时做凹入式门廊。

（2）在用地面积略为宽裕时，构筑外凸的门廊或悬挑空间。

（3）大型商场尽可能地退后于城市道路而建，留出空地作广场，除满足停车要求外还可设置绿地、铺装、水景、休闲桌椅、雕塑小品等，以创造休闲和观赏的环境 。

（4）某些临街的商场可在避开人流处设置桌椅和遮阳篷，以供人们休息与交流。

图 4-28 天津世纪都会商场入口

4. 商业街上的小店

商业街上林林总总的小店规模不一、丰富多样。由于现代社会中存在强烈的经济竞争机制，因而小店们争相以醒目的门头和广告来突出自己，以达到招揽顾客的目的。在现代商业街上，这种缤纷繁杂的门头和琳琅满目的广告重重叠叠、交错并融，广告的概念已趋于模糊，这也是现代商业街的一大特色。

商业街的小店一般都设在多层或高层建筑的底部数层，因经营问题常改换门面，因此，设计中应将门头的造型尽量简化，并应选用价格较便宜的装饰以构筑一个易拆、易换的门头，如图 4-29 和图 4-30 所示。近年来，一些小商店在建造门头时出于经济实惠的目的，大量地运用灯箱广告，这种门头色彩鲜亮，特别是夜间更显得光辉灿烂，鲜艳夺目，商业气氛十分强烈。

图 4-29 天津营口道商业街中快餐店外檐设计

图 4-30 天津营口道商业街餐饮店外檐特色设计

5. 专卖店、特色店

专卖店以自身的品牌效应和企业形象招揽顾客，因此，这类商店的门头着意表现企业标志，不做太多的装饰，而以典雅、大方的艺术品位来取悦于人，如图 4-31 所示。它的入口与橱窗往往用大面积玻璃制作，一方面可以更好地展示商品，另一方面以这种通透感来达到与顾客交流的目的。

特色店重在表现特色所在，常用的手法是在门头上通过标志、图案、色彩喻示这种“特色”，如图 4-32 所示。如儿童用品商店的门头上就用稚嫩的色彩装饰，并在入口处放置玩具和装饰物。药店的门头用大面积的绿、蓝、白色渲染，使人们获得清洁明亮的视觉感受。首饰珠宝店的门头可用大红和黄色渲染一派“富贵气”。

图 4-31 具有中式特色的书店入口

图 4-32 北京三里屯艺术酒店入口设计

第三节 课后思考与作业

1. 问题与思考

（1）现今的商业购物空间经营者越来越重视视觉系统的开发，而视觉形象在商业购物空间的整个卖场形象中占重要地位。对商业购物空间而言，企业视觉系统开发应注意的原则是什么？

（2）商业购物空间入口可以分为哪几种形式？

2. 作业

分析某城市真实的商城外檐优缺点，并做出改造设计，写出 500 字的设计说明。

第五章
商业购物空间的新媒体技术

21 世纪，新媒体技术作为一种新的科技与艺术手段，正逐渐地渗入现代商业空间设计领域。新媒体技术无论是在观念上，还是在表达形式上都可以说引发了一场设计革命。受新媒体技术的影响，当代商业空间设计正发生自觉或不自觉的变化。

在如今经济快速发展的时代里，人们的生活和工作节奏越来越快，对商业购物的猎奇心理与日俱增。为了使商业环境脱颖而出，获得更高的销售效率，使顾客产生购买行为，商业空间的创新尤为重要。而传统的商业空间设计中单一的图片和产品展示形式已经不能满足消费者对展示内容的需求。把新媒体技术作为一种创作表达媒介运用到设计中，借助先进的数字技术手段，提供给设计者更多全新的创作可能。一方面，新媒体技术兼具艺术性与科技性，将传统设计中的平面艺术转变为立体艺术、单一媒体转变为多媒体、静态艺术转变为动态艺术。新媒体艺术的形式不断发展，各种结合了现代科技的新的创作形式不断涌现。另一方面，新媒体技术被注入很强的参与性及互动性，其应用让受众的参与成为可能，它改变了传统艺术欣赏的单向性，提高了艺术欣赏过程中的参与感，通过人机互动的方式，使得消费者有效地参与到产品互动中，从而更好地促进消费。

第一节 新媒体技术的应用

现代人追求高品质的生活，追求感官的享受。在如今“注意力”稀缺的商业社会中，传统的商业空间设计似乎很难满足现代消费者们的消费、审美需求，应运而生的就是在空间设计中增加新媒体技术。随着新媒体技术的不断发展，其在城市商业空间的应用日益广泛。

一、新媒体技术的种类

“新媒体”一词的原意是指当下万物皆媒的环境，其包含了一切数字化的媒体，是相对于报刊、广播、电视等传统媒体而言的全新的媒体形式。简单来说，新媒体是一种新的传播中介环境。本书中所指的新媒体技术主要是一些被艺术家应用于艺术创作中充当媒介的数字技术，比如录像、录音、光媒技术、计算机技术、网络技术、信息交互技术等。以下简单介绍几种在商业空间设计中常用的新媒体技术。

1. 数字媒体技术

数字媒体技术是一种通过网络通信技术、声光技术以及电子计算机技术对文字、图形、声音、图像等信息进行综合处理，将各种单一、分离的信息要素整合在一起，然后将其转换成具有观赏性的媒体信息的技术。数字媒体技术是一种实践性和操作性很强的网络应用技术，需要使用计算机、网络、声音和图像处理器、多媒体设备、激光设备等现代电子设备。除此之外，还需要各种软件操作技术和应用程序的支持。商业空间中常用的数字媒体技术主要有互动投影类、全息立体成像类、沙盘展示类、大型屏幕显示类、模拟仿真驾驶类、虚拟现实类等技术。

2. 全息投影技术

全息投影技术属 3D 全息技术展示手段的一种，其将三维的画面悬浮在实景半空中成像，营造亦幻亦真的氛围，效果奇特，具有强烈的纵深感。此技术利用光的干涉和衍射的原理，将物体发射的特定光波以干涉条纹的形式记录下来，然后再用衍射的方法使其实现，形成原物体逼真的立体影像。在商业空间中，全息投影技术可以配合各种特效，使实景造型与光学影像相结合，还可与观众进行互动，带来一场形式新颖的视觉盛宴。

目前，随着技术的发展，除了特制的投影玻璃外，还可在普通临街橱窗或室内橱窗内侧粘贴专业光学成像薄膜（纳米触摸膜）实现成像，如图 5-1 所示。也可通过光学感应模块实现手指点击，让消费者隔着玻璃与投影画面进行互动。

图 5-1 北京 SKP-S百货卡地亚（Cartier）专柜，利用光电技术将卡地亚标志性的美洲豹形象进行立体呈现，用作品牌入口标识

3. 体感交互技术

体感技术最初用于游戏，它把可以感知的声音、手势和身体，通过感觉机器转化成新的游戏体验，像对电视节目的选择一样，可以快进后退，甚至随意地选择角度进行展示。体感交互技术的核心设备是红外识别系统、3D 体感摄影机、二维码识别系统、体感互动软件、多媒体影像系统等。和产品相关的故事性媒体装置可以激发消费者的参与性和互动性，使其产生购买欲望。例如将体感传感器 kinect 2.0 设备应用在橱窗中，使橱窗的动态显示更加深入，为人们提供了前所未有的 3D 体验，增强橱窗的吸引力，从而增加了商品的关注度，起到了一定的刺激消费作用，如图 5-2 所示。

图 5-2 纽约第五大道卡地亚互动橱窗。橱窗内摆满了卡地亚经典的小盒子和具有品牌元素的豹子摆件，路人可以通过手势控制首饰盒开合，与橱窗产生互动

4. 虚拟现实技术和增强现实技术

虚拟现实技术（VR 技术）最初应用在美国陆军航天员的模拟训练中。后来，随着科学技术日新月异，该技术也被广泛应用于生活以及空间设计中。VR 技术主要是将仿真技术与计算机图形学、数字图像处理技术、人机界面技术、专业图像处理技术、多媒体技术、传感技术等技术相结合，利用传感设备、自然感知技术、仿真环境等，模拟人类的感官，创造出逼真的三维虚拟环境，从而使参与者不受时空的约束，获得更真实的感受。

增强现实技术（AR 技术）同样也是当代科技背景下诞生的新媒体技术之一，是实时场景与数字信号的有机结合。AR 技术与 VR 技术有类似的地方，只不过 AR 技术更加强调虚实结合，使用者通过 AR 技术能够获得真实世界中的感受，又高于现实世界。设计者们被 AR 技术所吸引，纷纷将其应用在自己的设计创作中。

5. 人工智能技术（AI 技术）

人工智能技术，简称 AI 技术，它是研究、开发用于模拟、延伸和扩展人类智能的一门新的技术。人工智能正在改变我们的设计和生活方式。不久的将来，人工智能将会被广泛应用到日常生活的各个方面，从而创造出新的可能，如图 5-3 所示。

图 5-3 北京 SKP-S百货“未来农场”展示装置。通过人工智能“仿生羊”与“机械羊”的对比，来表达对未来人工智能世界的反思

二、 新媒体技术的使用范围

新媒体技术是一次巨大的技术转型，先进的科学技术也为设计转型带来了多元化的创作方式。新媒体技术的特点在于其较强的互动性与融入感，这种特点在商业空间设计中有较为广泛的实用价值。

1. 公共空间

在新兴的商业空间中，建筑与内部公共空间设计常以新媒体技术手段为媒介，增强空间效果和表现力，营造“沉浸式商业”，并以此吸引消费者长时间停留。如北京 SKP-S 百货以“数字模拟未来”为主题，在公共空间中制造了一处沉浸式购物场景——“科幻世界”，充满了想象力和创造性，从“五感”（视觉、听觉、嗅觉、味觉、触觉）角度给人们带来全新的购物体验，如图 5-4 所示。

2. 景观空间

将数字景观介入城市商业空间设计中，可以起到烘托环境气氛的作用，同时吸引更多外部人群到此实现购买行为。外部空间的交互体验性与人群活动的频率呈正相关关系，在实现原本的购买行为之后，消费者被周围充满乐趣的数字景观装置吸引，并由此产生好奇心和逗留行为。消费者成为商业空间中的主角，其逛街的乐趣也有所增加，如图 5-5 所示。

图 5-4 北京 SKP-S百货利用新媒体技术在公共空间中创造“地球人类通向火星的入口”，以独特的表达方式，建构了一处极具未来感、科幻感的沉浸式商业空间

3. 店面陈设

传统的店面陈设通常对产品进行简洁的柜台展示，用户通过直接触摸感受产品的品质，从而引发购买行为。而在新媒体时代，卖场借助于先进的新媒体技术，将液晶屏、全息投影等与产品组合进行产品展示，利用数字媒体动静结合地进行产品演示，让消费者更直观地体验到产品的实际情况。部分店面陈设，还可利用新媒体技术与用户进行互动，增强用户的参与感、融入感，制造更加深刻的体验感受，同时增加消费者的逗留时间，促进潜在消费，如图 5-6 所示。

图 5-5 耶路撒冷的花朵路灯利用传感技术，当有行人从其下方经过时巨大的花朵会慢慢展开，这种趣味性的互动吸引人群驻足

4. 橱窗展示

橱窗展示作为商业空间中产品展示的关键部分，是吸引顾客眼球的重要媒介。新媒体技术发展以来，橱窗展示也开始将电子科技装置作为新的展示手段融入橱窗设计，打造“动态橱窗”，增加橱窗的艺术魅力和商业价值。

设计者常常通过活动展具、电子科技、视觉的艺术化表现和互动式橱窗等来设计动态橱窗，实现橱窗展示的形式创新，更好地把需要传达的信息进行有效的传播，从而影响顾客的活动行为。动态橱窗也因这种无形的张力而引发商机，如图 5-7 所示。

图 5-6 北京 SKP-S百货，产品展陈与动态显示屏相结合，创造更有冲击力的动态视觉效果，显示屏的内容依据不同季度产品主题定期更换，更加环保、高效

图 5-7 日本爱马仕橱窗，将丝巾吊挂在橱窗内，并在数字屏幕中播放女演员吹风动作的视频，与器具表现出的鼓风效果相配合，丝巾随着屏幕中女演员吹气的场景而飘动。这个巧妙的设计不仅强烈地吸引了顾客的眼球，也表达了丝巾轻柔的特质，深化了品牌的意义，为商品带来了较高的附加值

第二节 新媒体技术的艺术性和科技性

在新媒体技术方兴未艾的今天，结合先进的科学技术和符合时代意义的审美特征，创造商业空间设计的独特性和新颖性，增强商品与顾客之间的互动，以期产生最佳的社会效益和经济效益，已经成为一项重大的理论课题和设计命题。新媒体艺术的诞生与发展依托于科学与艺术二者的结合，先进的科学技术为艺术创作带来了多元化方式。设计师通过将数字技术应用到艺术创作中，创造出更多全新的艺术形式，这些艺术形式既包含着科学精神，又流淌着艺术的血液。

一、新媒体技术的艺术表现方法

1. 沉浸式体验（360 投影、全息影像等）

沉浸式艺术的核心是“沉浸”，应用多媒体、装置艺术、算法影像、投影互动等技术，把实体空间塑造成异次元，让观众走进演出场景或真人演员中产生互动，参与到作品创作中，从而获得不同以往的文创产品的故事性和娱乐体验。沉浸式体验意为让体验者更关注眼前的景象，忘记和忽略真实的世界，混淆本身的六觉。沉浸式体验着重的另一点是体验者与艺术作品存在大量的可互动性。艺术元素的动态方向、形式，都会因为体验者的一举一动而改变，或者与其直接对话，互动。此外，沉浸式体验还通过与电影、游戏、戏剧、展览等多领域结合的方式，产生多种衍生艺术体验，如图 5-8 所示。

2. 人体感应互动技术

近年来，数字媒体和交互设计快速发展，出现了全新的雷达交互技术、数字电子橱窗技术、虚拟现实技术等。雷达交互技术采用多普勒雷达感应原理，发射 5.8 GHz 的雷达信号，一旦有移动物体进入感应范围，就会改变雷达信号波形，从而触发雷达感应器动作。雷达互动技术不受环境温度及声音响度影响，是目前最先进、最人性化的感应技术，这种技术和设备还包括，体感控制器可以应用在触控类的商业展示空间中。利用这个原理，设计师把具有动态捕获、图像识别、语音识别和其他功能的设备技术应用于动态橱窗中，使橱窗的动态显示更加深入，为人们提供了前所未有的趣味体验，如图 5-9 所示。

图 5-8 北京 SKP-S百货，在商业室内空间中打造的沉浸式“火星”空间，火星地表、太空舱、火山沙丘、太空探测器等装置呈现出一片“真实火星”的样子，吸引了大批游览者

图 5-9 意大利互动橱窗，通过手势感应控制，镜头光圈页片不断地缩小和放大。这种创新型的互动橱窗展示激起了消费者浓厚的兴趣，增强了商业卖点

3. 触屏操作技术

触控操作近年来走进我们的生活，影响着人们生活的方方面面。触屏是继鼠标、键盘之后产生的人机交互技术的重要媒介，在生活中随处可见。触屏的方式给消费者一种直观、简单的交互性和人性化的体验，用户只需要用手指轻轻一点，就可完成信息索取和体验过程。而在产品的外观设计上，触屏更加简洁，操控更加便捷，界面设计更加合理。它以触摸屏技术为交互窗口，通过计算机技术运用文字、图像、动画、视频等多种形式，以一种最简洁、最直观的人机交互形式将信息介绍给消费者。其不仅有单点触摸屏幕，还有多点触摸系统，给企业和消费者带来极大的便利，也给商业空间设计带来一种全新的方式。

4. 综合技术

随着商业空间的升级，顾客对商品展示的艺术性和产品的互动性要求越来越高，在当代出现了一系列虚拟现实、互动、可穿戴、沉浸式、网络空间甚至采用了 AI 技术的作品，这在横向范围内拓展了媒体的全面性，也成为设计师的共同创作策略。如今，设计师在新媒体的使用上表现出对各种媒体的综合应用，因此作品可能有两种或更多种语言形式。商业空间内的装置、展示设计中综合使用新媒体的行为形成“新媒体 +”的媒体特征。新媒体技术与实体艺术的结合，在时间上可以突破传统媒介的单一性与线性叙事，突破时间限制；在呈现形式上，可以将整个空间都作为自己的作品，突破空间的限制，如图 5-10 所示。

二、新媒体技术的特性

如今的新媒体技术有四个方面的特性，即虚拟性、交互性、综合性和趣味性，对于商业空间创作来说，虚拟性和交互性是最重要的特性。

1. 虚拟性

在商业设计中，新媒体技术最基本同时也是最重要的特性就是虚拟性。虚拟性表现在艺术媒体、艺术媒介和艺术内容三方面。新媒体技术凭借数码技术实现了对现实时空的虚拟重构，使受众的感知系统进入相当程度上的虚实交错的情境。虚拟性使艺术与生活的关系发生转变——不再是艺术重现生活，而是生活在模仿艺术。同时，随着虚拟现实技术的不断发展和完善，虚拟现实可以营造一种视觉、听觉、触觉类似真实场景感觉的虚拟时空环境，为受众创造一个以人为主宰的，具有沉浸感、交互性和构想性的三维信息空间，并使受众可以通过计算机系统与这个生成的虚拟实体进行互动交流，如图 5-11 所示。

2. 交互性

在商业设计中，简单来说，多媒体技术的交互性就是使产品可以与观众进行沟通，从而改变传统媒体单向传播信息的方式，受众不再只是被动地接受信息。互动本质上就是信息的双向传播和交流，新媒体技术借助先进的科技手段，让人与物化的传播媒介之间的沟通交流和相互影响成为可能。新媒体技术的这种交互性特征拓展了商业活动的方式，丰富了产品展销的内容，革新了消费者的购物体验。交互性这一艺术元素出现在商业空间设计中时，使得消费者在体验固有空间时又能感受到交互性在产品展示中营造出的不确定感，吸引消费者参与其中，使产品展示变得不再单一和单向，商业展示的内涵也能得到丰富，如图 5-12 所示。

图 5-10　北京 SKP-S百货，一位“老人”正隔着桌子和AI机器人讨论火星基地的建设。“老人”具有逼真的发型和皮肤，穿着打扮很时尚，展示了人们“对未来数字世界发展的期待和恐惧”

3. 综合性

新媒体技术往往不是基于一种领域存在的，一件作品可能会应用多个领域的技术手段。新媒体技术擅长把多种媒介混合，然后设计者可以应用这种综合性将各种技术应用在自己的作品之中，最具有代表性的就是虚拟数字技术：

图 5-11　商业空间内产品展销会，利用全息投影技术将戒指的虚拟影像投影在展示柜中

声光电技术与传统展示空间的融合使人们的视听感受更加丰富、真实，进一步推动了艺术多元化。随着科技水平的不断提升，新媒体技术和美学艺术之间相互作用。新技术和新媒体的发展，必然会从根本上改变传统美学，新和变是新媒体不变的主题，如图 5-13。

4. 趣味性

新媒体技术使展示活动具有趣味性，为商业空间设计提供了全新的创作媒介。3D 电影、沉浸式主题、全息投影等新媒体技术可以为消费者提供广阔的娱乐空间，让消费者产生好奇心，吸引消费者的注意使其能够有兴趣融入产品展示中，在获取产品信息的同时得到快乐，无形中提升了商业品牌形象。

图 5-12 北京 SKP-S百货互动装置艺术“企鹅魔镜”。消费者站到肢体捕捉设备前，通过伸展身体，即有企鹅开始旋转“反射”，表现出对应的动作轮廓

图 5-13 北京 SKP-S百货沉浸式装置艺术作品探索了时间的线性和周期性模式之间的相互作用

第三节 新媒体技术对于商业环境的影响

随着现代科学技术和数字信息技术的快速发展，社会生产方式和日常生活形式都发生了颠覆性的变化，现代科技同样不可避免地融入商业空间设计领域。与此同时，消费者也适时地对现代商业空间设计提出了更高要求。作为现代信息技术和艺术深度结合的产物，新媒体艺术不但更新了艺术形态，而且创新了艺术创作理论，其应用在商业空间设计中，既可发散设计思维，又能在商业空间设计中不断推陈出新。

新媒体艺术之所以能够蓬勃发展，究其本质是其相对于传统媒介，在艺术形式和创作观念上进行了自我革新，这些革命性的改变为人们带来了前所未有的生活体验，也给艺术在商业空间中的展现形式带来了无限的可能。新媒体艺术借助数字技术，将商品的多维性直观地展现在受众眼前，使受众得到空前绝后的审美体验。新媒体艺术可以将二维的图像、乏味的文字注解，以影音视频的形式展示出来，让受众可以更直观、全面地了解自己想要得到的信息，同时通过加强对局部细节的深入刻画，对展示对象进行全方位、多角度的实时展示，这远比传统的实物展示更具有吸引力。标新立异的展示方式凸显了对顾客视听感知的冲击，更容易给消费者留下难以忘却的第一印象，有意识引导消费者的商业空间行为，进而有助于激起消费者潜在的购物欲望。

如今，新媒体时代成为社会经济发展共识，逐渐出现在人们生活中。为了跟上时代发展的脚步，一方面，商业空间设计中主动融入商业空间设计，凸显出时代感，经过实践证明效果显著，其艺术特点更为明显；另一方面，随着商业市场的不断进步，语言文字已经不能满足人们的需求，人们更追求视觉感官的刺激。因此，如何将商业空间设计融入新媒体技术中成为一项重要的研究课题。新媒体艺术的出现，为商业空间设计带来了更多的创新设计理念。相对于传统媒体艺术而言，新媒体艺术的发展形式更为多样化，给人一种焕然一新的视觉体验。新媒体艺术具有多样化的思维创意，在艺术表现中也具有一定的灵活性。新媒体艺术具有一定的创新特点，主要表现在：第一，语言表达、形式表现上的创新；第二，艺术作品中、内容上的创新。现代媒体艺术不断地创新方法、创新形式，促进了商业空间设计走向更广阔的发展领域。

第四节 课后思考与作业

（1）在科技化浪潮席卷全球的背景下，新媒体技术的应用范围呈现出怎样的发展趋势，为什么？

（2）新媒体技术的艺术性体现在哪几个方面？请结合实例简要说明。

第六章

商业空间的设计程序与设计师素质

第一节 商业购物空间的设计程序

设计规划是甲方（业主或企业管理者）与乙方（设计单位）双方共同配合完成的工作。目前，有关商业购物空间装饰设计工程的规划与设计程序，各地的做法不尽相同，下面介绍常见的做法。

一、甲方工作

（一）甲方应做的前期准备工作

1. 市场调查与预测

当某一个商业企业准备建设大型的商业网点，或者准备对原有商场进行改造、扩建、翻新时，有关人员要做的第一件事应是进行市场调查与预测。调查人员除了了解国家的经济形势与宏观调控政策之外，在市场调查中还要注意到当地城市、街区的发展布局和发展趋势，认真分析所在城市、所在街区的人口及居民点分布情况与购买力情况，分析同行业在这一地区的销售情况及分布情况。对于旧的商场，还可以从历年的销售情况分析预测今后的发展方向和发展策略，对今后可能的销售情况和经济效益以及社会效益进行多方面的预测。

2. 投资测算、组织形象（CI）策划和可行性研究

在对兴建商场的经济效益进行了客观的预测后，就应该对商场的规模、装饰设计档次、消费者主体进行适当的定位；对投资额进行初步测算；对所需资金的来源、怎样偿还、几年内能够收回成本、可以增加多少经济效益等问题进行多方论证。可以组成专门的班子对上述问题进行调查，写出尽量客观的可行性研究报告，最后确定建设的规模及投资额的大小。

（二）甲方对设计单位的选择

甲方选择设计单位，有以下两种常见的方式。

一是直接选择或委托有丰富商场设计经验的单位或有较多高素质设计人员的单位。这些单位

都有丰富的商场或公共建筑的设计经历。这种直接选择或委托一般都建立在甲方对设计单位有把握、有信心、比较了解情况的基础上，这种方式适用于工程时间较紧、甲方缺少比较懂装饰设计的工程管理人员的情况，其优点是能够使设计人员尽快入手、进入状态，也能使设计人员与甲方通过多次直接商谈尽快地完善规划方案。

二是招标选择，即同时选择、邀请几家设计单位进行方案投标（又叫作邀标、议标），谁的方案综合来看比较好就选用谁，这种方法是目前最常见的。这种方法的好处是可以集思广益，通过设计竞争来比较。这种比较的过程也是甲方对设计单位逐步考察、熟悉的过程。比较的内容包括设计构思、材料运用、工程概算、设计周期、服务水准等几个方面。但这种做法对甲方也提出了较高的要求，即甲方自己要有比较懂行的专业人士，或委托专业人士帮助，这种专业人士往往来自几个方面，如有过商场装饰经历的同行单位，或某设计部门，或国家认可的工程监理部门。甲方通过自己或委托专业人士进行邀请招标前的准备工作。

1. 写出邀请招标书

邀请招标书的大体内容有：一，工程概况，包括工程地址，建设物的层数、层高、基本面积等；二，甲方拟定的使用要求及功能简介（在使用要求中，有的部分是可以让设计单位根据经验进行修改的，甚至在选定设计单位之后，双方还可进一步协商，进行反复修改、完善）；三，甲方对设计的一些基本要求及所希望达到的某些装饰美学方面的要求（包括空调、声、光等方面的要求）；四，根据甲方在市场调查方面所总结出的顾客群定位，工程希望达到某一水平的要求（如果是宾馆的话，可以有星级标准，但对商场，只能参照国内或国外的某类具体实例）或明确的造价要求；五，甲方对设计乃至整个工程时间方面的计划和要求（这个时间计划根据实际工程需要，可以与工程总量和标准大体适应，也有可能必须赶在一个特定的日期之前完成）；六，甲方的其他要求，比如对投标文件的规定，对图纸量、效果图量、图幅，以及其他说明文字的要求，开标及评议的时间、形式，对未被选中方案单位有无经济补偿，对未中标文件的处理方式，对未尽事宜的处理方法（一般都参照国家有关规定进行）等。

2. 准备建筑装饰设计的图纸、图片资料，组成评议班子

评议班子大体由本企业领导及上级有关管理部门负责人，本企业主管基本建设或固定资产的管理部门和主管销售、经营、仓库、保管等业务的部门负责人或专业人员，以及参加评议的专家三方面的人士组成。

3. 确定评议的形式

评议一般有两种评议形式：一种是几家设计单位在指定的时间地点之内将招标文件、图纸同时带来，放在一起，逐个进行介绍，公开比较评定。因为图纸等资料互相公开，故最好能当场拍板定案，

以增加透明度与公正合理性。这种方式的缺点是给评审组时间太少，一般不便重新确定设计单位。还有一种是先集中一个时间收齐投标文件，然后评审组在尽可能紧凑的时间段内逐家评议设计方案，在投标人介绍方案时其他单位不参加，也不必现场确定中标单位。这样进行评议的时间可以充裕一些。在评议过程中发生意见相左或某些问题拿不定主意的情况时可以临时调整评审组成员，在内部意见比较一致时再通知设计中标单位。这种做法的缺点是可能使不中标的单位感到透明度不够。

以上介绍的两种选择设计单位的方式只是室内装饰工程所经常采用的（与土建工程有所不同，对土建工程，特别是大型工程，国家已公布一套规范的招投标做法）。通过以上介绍，我们可以对这两种方式做以下小结式归纳。

在第一种方式中，有关装饰艺术要求、工程物理要求，甚至一些甲方需要的功能要求，甲方可与直接委托、选择的设计单位在设计方案的过程中互相协商，最后定案。这样甲方的前期工作大为减少，方案也比较深入，时间较为紧凑，比较适合中小型商场的装饰工程。而在第二种方式中，甲方在确定正式的设计单位之前，先要找一家投资或设计咨询单位做出比较详细的招标文件，与第一种方式相比，前期工作量大一些，对本企业的专业人员要求高一些，时间也相对用得多一些。中标之后，还需要甲乙双方共同商定，完善方案。一般来讲，这种方式较适于大中型商场装饰工程。但有时也不一定，因为装饰工程不同于建设工程，它有一个翻新或重新装饰的周期问题。

如果一个大型商场以前是由某一设计单位设计的，当时业主对设计单位的水平感到满意，且双方合作也愉快，过了几年需要重新装饰时，虽然是大型工程，但由于有以前的合作基础，甲乙双方对上一次设计的优缺点有足够的认识，这一次可以扬长避短，做得更好。且乙方对建设本身的布局也熟悉，能尽快上手、深入设计，那么按第一种方式选择设计单位，可能还是最佳的。相反，对中小型商场，甲方如果想集思广益，避免一家设计单位在工作服务程序和设计思维方面形成的某种定势，也可能采用第二种方式。总之，如何选择设计单位，要视甲方的多种具体条件，本着对设计效果有利、对工程资金使用合理、对工作效率能有效提高的原则进行。

二、乙方工作

整个设计过程是一个循序渐进和自然而然的孵化过程，当然在设计当中，功能的理性分析与在艺术形式上的完美结合要依靠设计师内在的品质修养与实际经验来实现，这要求设计师应该广泛涉猎不同门类的知识，对任何事物都抱有积极的态度，并进行敏锐的观察。纷繁复杂的分析研究过程是艰苦的坚持过程，人员的协助与团队协作是关键，单独的设计师或单独的图文工程师或材料师虽然能独当一面，却不可避免地会顾此失彼，只有一个配合默契的设计小组才能完成整个设计。

（一）设计规划阶段

设计的根本首先是资料的占有率，是否有完善的调查、横向的比较、大量的资料， 在调查过程中归纳整理，寻找欠缺，发现问题，进而加以分析和补充，这样的反复过程会让设计在模糊和无从下手时渐渐清晰起来。如进行服装专营店的设计时，设计人员首先应了解其经营的层次属于哪一级别，确定设计规模和设计范围；然后根据公司的人员情况、管理模式、经营理念、品牌优势来确定设计的方向。

（二）概要分析阶段

这一切结束后应提出一个完善的和理想化的空间机能分析图，也就是抛弃实际平面来做完全绝对合理的功能规划。不参考实际平面是避免因先入为主的观念限制了设计师的感性思维。虽然有时你感觉不到限制的存在，但原有的平面必然渗透着某种程度的设计思想，在无形中会让你陷入。当基础完善时，便进入了实质的设计阶段，实地的考察和详细测量是极其必要的，图纸的空间想象和实际的空间感受差别很大，对实际管线和光线的了解有助于设计师缩小设计与实际效果的差距。这时将设计师的理想设计结合入实际的空间当中是这个阶段所要做的。室内设计的一个重要特征便是只有最合适的设计而没有最完美的设计，一切设计都存在着缺憾，因为任何设计都是有限制的，设计的目的就是在限制的条件下通过设计缩小不利条件对使用者的影响。将理想设计规划从大到小地逐步落实到实际图纸当中，并且不可避免地牺牲一些因冲突而产生的次要空间，整体的合理性和以人为主是平面规划的原则。空间规划完成后，向下便是完善家具设备布局。有了一个良好的开端，向下的设计便会极其迅速而自然地进行了。

（三）设计发展阶段

从平面向三维的空间转换，其间要将初期的设计概念完善和实现在三维效果中，主要涉及材料、色彩、采光和照明。

材料的选择首要考虑的是设计预算，这是现实的问题，单一的或是复杂的材料是因设计概念而确定的。价格低廉但合理的材料应用要远远强于豪华材料的堆砌，当然优秀的材料可以更加完美地体现理想设计效果，但并不等于低预算不能创造合理的设计，关键是如何选择。

色彩是体现设计理念不可或缺的因素，它和材料是相辅相成的。采光与照明是营造氛围的，说室内设计的艺术即是光线的艺术虽然有些夸大其词，但也不无道理。艺术的形式最终是通过视觉表达而传达给人的。

这些设计最终依靠三维表现图向业主体现，同时设计师也是通过三维表现图来完善自己的设计。也就是说，表现图的优劣可以影响方案的成功，但并不会是决定的因素，它只是辅助与设计的一种手段、方法，千万不能本末倒置过分地突出表现的效用，起决定作用的还是设计方案本身。

（四）细部设计阶段

细部设计包括家具设计、装饰设计、灯具设计、门窗设计、墙面设计、顶棚连接等。这些都属于发展阶段的完善设计阶段。大部分的设计已经在发展阶段完成，在这个阶段设计将更加深入地与施工和预算结合。

（五）施工图设计阶段

经过设计定位、方案切入、深入设计、设计表现等一系列过程，设计方案被采纳。在即将进入设计施工之前，需要补充施工所需的有关平面布置、室内立面和顶棚等的详细图纸，还应包括设计节点详图、细部大样图及设备管线图等，编制施工说明和造价预算。

（六）设计施工阶段

设计施工阶段是实施设计的重要环节，又称为工程施工阶段。为了使设计的意图更好地贯彻实施于施工的全过程之中，在施工之前，设计人员应及时向施工单位介绍设计意图，解释设计说明及图纸的技术参数。在实际施工阶段中，施工人员要按照设计图纸进行核对，并根据现场实际情况进行设计的局部修改和补充（由设计部门出具修改通知书）；施工结束后，相关部门要进行工程验收。

（七）设计评价阶段

设计评价在设计过程中是一个不间断的潜在行为，会在某一阶段突出表现出来。即使是在容易被忽略的设计完成之后，设计评价依然有其信息反馈、综评分析的重要价值。在设计过程中总是伴随着大量的评价和决策，只是许多情况下我们是不自觉地进行评价和决策而已。随着科学技术的发展和设计对象的复杂化，人们对设计提出了更高的要求，单凭经验、直觉的评价已不适应要求，只有进行技术、美学、经济、人性等方面的综合评价，才能达到预期的目的。

为了使设计更好地创造新生活空间，室内设计人员必须把握设计的基本程序，注重设计评价方法的筛选与决策的作用，抓好设计各阶段的每一个环节，充分重视设计、材料、设备、施工等因素，运用现有的物质条件因素的潜能，将设计的精神与内涵有机地转化为现实，以期取得理想的设计效果。

第二节 设计师应具备的素质

设计师应具备以下素质。

（1）具有建筑设计及三维空间设计的理解能力。商业设计是一门空间艺术，因此，三维空间的理解和想象力对于一个商业设计师来讲是至关重要的。设计师平时要多观察、多记录，可以进行室内空间、建筑空间的设计训练，培养三维的思考能力。

（2）要具备广博的科学文化知识、美学知识与修养。设计是综合的艺术，设计师只有对文学、戏剧、电影、音乐等具有较深的理解和较高的鉴赏水平，才能在空间的文化内涵、艺术手法、空间造型等方面进行深入的设计表现。

（3）要具备准确的、熟练的表现能力。进行商业购物空间设计要求设计师将自己头脑中的设计意图用总平面图、三视图、透视图、轴测图、效果图等准确地、熟练地表现出来。

（4）具备解决问题的能力。设计师应具备横向思维能力，善于用非常规的办法，达到出奇制胜、立意新颖的效果，这种能力的实质就是创造力和创新精神。创新是设计的灵魂，只有思想开放、勇于突破的设计者才能收获成功的喜悦。

（5）具备沟通的能力。设计师应善于宣传自己和自己的设计，最好的设计师应当是最能展示自己的人，同时能够听取别人的意见，善于同别人合作，能与全体设计人员形成具有统一思想的团队整体。

（6）具备诠释能力。设计师应将抽象的概念和复杂的信息形象化、情节化、趣味化，选择尽可能美的形式打动使用者。

第三节 课后思考与作业

1. 问题与思考

（1）商业购物空间的设计过程包括哪几个部分?

（2）从事商业设计的设计师应具备哪几方面的素质?

2. 作业

请你组织一个设计团队，对你所在城市的某个商场进行改造设计，并做出设计过程安排，写出不少于 1 000 字的设计计划书和全套设计方案。

第七章

国内外优秀作品赏析

第一节 大型商场

一、北京 SKP-S 百货

北京 SKP 商场原来叫“新光天地”，是北京最“壕”的奢侈商场，一直都是神话般的存在。2018 年销售额达到 135 亿元，单位面积销售额位居亚洲第一。2019 年 11 月 16 日，北京 SKP 商场创下单店单日 10.1 亿元的全新销售纪录，再次超越公众对世界高端百货的认知。

如今，北京 SKP 商场跨过长安街，新开一处全新的商业空间“SKP-S”，也就是 SKP 南馆。

SKP-S，本质上还是一座购物商场，但它又远远不止是一座购物场所。SKP-S，以“数字 - 模拟 未来”(Digital-Analog Future) 为主题，以天才般的创意制造了一个沉浸式的“科幻世界”购物场景，如图 7-1~ 图 7-21 所示。

图 7-1 SKP-S是一家充满想象力和创造性的高端百货商场，以“数字—模拟未来”（Digital-Analog Future）为主题，为顾客创造独特的购物体验。机械羊群生活的“未来农场”位于一层，与二层和三层的火星环境彼此呼应，打造超现实的空间体验

图 7-2 SKP-S的艺术实验空间每年都会展示新的艺术装置和品牌快闪店。“未来农场”是此次向公众揭幕的第一篇章。数字科技的发展将人类带向了一个由机器掌控信息、由人工智能操纵人类记忆的世界。渴望拥有过去的复制人基于模拟世界创建了一个虚拟的现实。在梦境与现实的边界逐渐消解的空间里，克隆的机器绵羊和它们的原始样本一样地呼吸和移动，发出同样的声音（组图）

图 7-3 位于一层的“未来之美”精选店主打美妆零售，展示了以火星为主题的史无前例的审美趋势。护肤区展示了体现火星之美的装饰品和植物。美妆区的吧台和沙龙则通过多变的内容为访客提供崭新的体验

图 7-4 古驰专卖店大面积的红色铺装突出品牌的主题性，标识的设计采用点阵式的排列方式，配合暖黄色的灯光，在不破坏空间整体性的同时增加了空间的趣味性

图 7-5 沙发的造型仿造印第安人装饰上的特征，赋予了其人文情怀

图 7-6 室内局部设计没有繁杂的装饰和造型，而是采用相互关联又相互独立的几何体，具有简约感和现代感

图 7-7 空间具有丰富的色彩关系，装置在灯光的渲染下又产生了更多的层次，使得空间虚实相映，形成了一个令人兴奋的场所，不断给人以刺激感

图 7-8 商场环境混杂，点缀的花卉绿植在改善空间品质的同时，也能美化商场环境，给人内心以宁静感

图 7-9 二层空间设计以“火星历史”为主题。在未来，火星人将携带新的DNA实现进化，但他们仍对作为起源的地球怀抱着眷恋，因此努力地探索着他们的过去。入口处停放着一台航天器模型，用以纪念它将第一个定居者送往火星的事迹（组图）

图 7-10 室内装饰元素以点、线、面等不同形式交替出现，结合装置艺术的局部运用，表现出空间的独有个性，散发出不凡的意韵

图 7-11 三层的公共区域设计的主题是“对不断发展的数字世界的希冀与恐惧”与“对逝去的模拟世界的渴望”，这是个十字路口。乘坐扶梯到达三层后，游客们将走入一个航天器内部，在这里，一位老者正坐在桌前与对面的人工智能探讨火星基地的建设。未来的人类试图在火星上创造新的定居点，它们通过重建景观来追溯自己的过去。“数字—模拟未来”的概念贯穿了商场的所有区域，包括将不同店铺连接在一起的公共空间，从而创造出一个完整而连贯的世界

图 7-12 充满浓厚艺术气息的雕塑小品使得整个柜台更加突出，极具视觉吸引力，也更容易使顾客将注意力集中到柜台周围的各色商品上

图 7-13 形式多元的陈列展示、简洁的灯光色彩丰富了室内空间的元素，也提高了空间的时尚品位

图 7-14 简洁、明确的空间色彩关系自然地融入周围环境中，吊顶设计没有因其功能性而显得孤立

图 7-15 顶部的照明设计凸显商业的繁华，激发消费者内心深处的购物欲望

图 7-17 YEENJOY STUDIO与 SKP推出“吐宝神鼬”的鼠年陶瓷香炉，身披金甲的老鼠原型来自象神的坐骑，也是财神的誓言物，象征着慷慨、施欲、财宝和成就。展品装置外壳结合机械元素，展现出 SKP的创意，非常具有未来感和科幻感

图 7-16 富有创意的局部商品照明设计和充满诱惑力的色彩搭配，体现了品牌在细节处理上的严谨态度

图 7-18 450只企鹅组成装置艺术——墨镜企鹅，企鹅们可以随着人的动向而转身，带给消费者新奇的购物体验

图 7-19 装置艺术改善了商场空间的综合设计效果，使其展示出更具内涵的主题内容，引起空间内行人的共鸣

图 7-20 红色的光对人眼刺激强烈，中国人也更为喜欢红色的吉利，部分文创产品运用色彩鲜艳的红色更能刺激消费

图 7-21 简洁、明快的空间设计风格，开放式的设计，使商场空间场域尺度的界定被打破

二、深业上城（深圳）

深业上城（UpperHills）是集产业研发、公寓、酒店、商业等功能于一体的城市综合体，位于福田中心区，坐拥三大中央公园，通过景观连廊连接莲花山与笔架山，将绿色生态引入项目，通过立体交通及业态组合缝合城市孤岛，打造自在、自如、自得的多功能空间。项目专注于通过创意设计、产品创新和品质塑造，引领“尚上生活”。大面积几何图案的铺陈，黑、白、灰、银色调调配的科技感让人心生向往。最特别的是它二层和三层的空中小镇，红、黄、白、咖的配色非常和谐。项目实景见图 7-22~ 图 7-30。

图 7-22　深业上城标识

图 7-23　上城小镇随处可见的红、白、黄、咖配色，墙体的转折处用不同的颜色处理，会有一种人造阴影的感觉。这里的建筑立面由各种单纯的几何色块分割和穿插。这种简约纯粹、宁静和谐的外立面美感体现出低调、自然又富有跳跃情趣的艺术理念。随着小镇商业区的开放，越来越多的人喜欢到这里拍照，吸引了越来越多的客流

图 7-24　商场水平交通、垂直交通便利。室外休息区吸引客流、留住客流，增加消费者在商场的停留时间。藤木材质的座椅、绿植景观小品、合理设计的休息区都更好地满足了消费者的购物体验

图 7-25 商场外部电梯的动线、路径最大限度地保证了商铺的可见性、可达性，顾客从底层乘扶手电梯可直达上城小镇，商场广告多投放于此处

图 7-26 本来书店由三栋独立而又关联的建筑串联构成。黑色调的设计风格搭配暖黄色照明，给人耳目一新的感觉。在这里除了读书，还有一些阅读空间让人可以坐下来，安静地享受读书的美好时光

图 7-27 整个房间采取了一般照明方式，对书籍的衍生品采用局部照明，射灯嵌入式灯带富有灵活性

图 7-28 简洁、明确的空间色彩关系自然地融入周围环境中，吊顶设计没有因其功能性而显得孤立

图 7-29 柜架围绕客流交通枢纽呈放射状布置，交通联系便捷，通道主次分明。书柜柜组环绕布置，避免了单一的布置形式带来的单调感

图 7-30 简洁的金属框架作为书架，加之吊顶的天光设计，营造了安逸舒适的气氛，这令置身其中的顾客感到宁静

三、大悦城（天津）

天津大悦城定位为“国际时尚青年城”，“年轻、时尚、潮流、品位”作为大悦城的精神名片，诠释了 JOY CITY 的生活方式，以便捷、休闲、开放与亲和为基调，引导前沿生活理念。大悦城的概念源于中粮集团总裁宁高宁与学者文怀沙、欧阳中石、刘先银等一次小聚受到的启发，他夜读《论语》，读到“近者悦，远者来”时，忽然有了灵感，想到“大悦城”这个名称，释义为“创造喜悦和欢乐，使周围的人感到愉快，并吸引远道而来的客人”。大悦城内景设计如图 7-31~ 图 7-43 所示。

图 7-31 天津大悦城购物中心的中庭设计空间组织灵活，呈多样性，整个空间组织得非常有连续性和节奏感

图 7-32 大悦城将多空间系统应用于整个设计中，根据曲线韵律以及功能的需要进行空间设施的设置，在保证商业流线的前提下让整体建筑及场景的设计有机统一，形成了不同空间纬度上的屋顶、平台、中庭等一系列连续的空间体系

图 7-33 吊顶密集使用点光源，以点成面的组合分布结合标识灯带，营造出灯光海洋的氛围，配合室内光源让空间变得通透

图 7-34 大悦城降低采光的强度独具匠心，工业风的墙壁与展柜交相辉映，为顾客增添了购物的趣味性，并加深了该品牌的属性和代表性，同时增加了商业购物空间的时尚感和艺术性

图 7-35 天津大悦城购物中心内采用展柜分割的方式，在共享大厅划分出相对独立的专卖厅。地面用不同材质给顾客以心理暗示，区分共享空间和展示空间

图 7-36 原质类装饰——利用混凝土自身的质地不做任何粉饰，构成了粗犷与精致的质感对比，强化了视觉艺术效果

图 7-37 书店利用货架、展架等元素来分割空间

图 7-38 琳琅满目的各种商品增加了顾客冲动消费的欲望

图 7-39 橱窗的设计非常富有特色，不仅展示了商品，封闭的走廊因它的存在也活泼了起来，顾客也被其深深吸引

图 7-40 购物中心内采用展柜分割的方式，在共享大厅中划分出相对独立的护肤品牌专卖厅

图 7-41 极富特色与个性化的空间设计使购物空间变得活跃

图 7-42 儿童玩具专卖店门口外轮廓是舞台的造型，象征着舞台木偶剧，在钢筋水泥的建筑中别具一格，富有特色和文化内涵，营造了营销的卖点和热点

图7-43 错落变换的地面造型颇具动感，还起到了划分不同功能区域的视觉作用。休息区现代风的座椅，具有亲切感，简单的配色让消费者紧绷的视觉神经得到放松

第二节 专卖店

一、中国北京三里屯奔驰文化中心

梅赛德斯 - 奔驰打造的全新生活体验基地 Mercedes me 三里屯体验店亮相北京，为首都潮人雅士再添一处适合闲庭雅坐、乐享春意的全新风尚地标。作为梅赛德斯 - 奔驰全球规模最大的体验店，Mercedes me 三里屯体验店集餐饮娱乐、精品购物、产品展示和试乘试驾于一身，是奔驰在品牌体验方面奉上的最新跨界力作，如图 7-44~ 图 7-51 所示。

图 7-44　体验店以木材作为装饰材质，营造了和谐统一且具有亲切感的氛围。墙壁运用木材置物架使得商品也变得更加立体化

图 7-45　入口处形成了一种别具一格的弧形店铺界面，繁中有简，简中有繁，极易吸引顾客的眼球，人们情不自禁地就会想要进入其中一探究竟

图 7-46 简洁、明确的空间自然地融入周围环境中，没有因其功能性而显得孤立

图 7-47 店内铺装以及各类材质的运用不仅很好地在视觉上划分出不同区域的边界，同时线性的设计表达也让空间更加具有动感

图 7-48 黑白对比是永恒的经典，同时使用两种颜色不仅使得空间典雅庄重，同时也提升了商品本身的品质。黑白色块比例恰到好处，既素雅又不凌乱

图 7-49 楼梯不仅作为上下通道，还放置了坐垫，供顾客休息，同时增添了空间的趣味性

图 7-50 没有太多出奇的色彩，空间整体运用冷色调，如同梦境一般，却显现出独有的个性，在繁乱的城市中反而展示出清新脱俗的形象

图 7-51 材料的选择统一有序，像是告诉人们“我们”永远是一个团结的整体

二、日本涩谷商业中心新媒体体验店

涩谷商圈是东京三大副都心之一，也是东京最具代表性的商圈之一，轨道交通商业化程度很高，是年轻消费群体的打卡圣地，如图 7-52~ 图 7-60 所示。

图 7-52 体验店外观采用全透明的落地玻璃设计，增加了空间的通透性。简洁的标识、通透的橱窗和独具特色的入口形成了别具一格的店铺界面

图 7-53 平板电脑的运用更有高科技感，吸引顾客驻足与产品互动

图 7-54 点线面的运用很有视觉冲击力，起到划分空间的作用

图 7-55 地面丰富的动线形式让空间更加生动，表现出空间的独有个性

图 7-56 空间氛围的营造拉近了人与体验店的距离

图 7-57 全透明的落地玻璃设计增加了空间的通透性

三、 瑞士苏黎世女士服装专卖店

modissa 瑞士时尚旗舰店位于苏黎世的中心地区，是一处优雅、清新的空间。该零售空间的历史可以追溯到 20 世纪 60 年代。其重新装修后如图 7-58~ 图 7-71 所示。

图 7-58 modissa旗舰店没有太多出奇的色彩，却显现出独有的个性，在繁乱的城市中给人清新脱俗的印象

图 7-59 简洁的 Logo 和丰富的橱窗形成了鲜明的对比，繁中有简，简中有繁，吸引了顾客的视线

图 7-60 橱窗大胆地利用橙与蓝两大对比色彩作为主基调，在商业步行街中独树一帜，在这样闪耀光芒的照耀下，商品也变得闪闪发光

图 7-61 橱窗中的蓝色枫叶结合点缀在商品中的玩具小熊，让购物场景更显温馨，令顾客轻松购物

图 7-62 橱窗里的点缀装饰物一直延续到卖场空间里，风格统一有序

图 7-63 店内空间得到最大利用，符合商业空间的特点，银灰屋顶与浅色长墙配合深色地面，给人稳重、大方的感觉

图 7-64 格子式的货架里摆放着码好的衣物，配以暖黄色的灯光，着实让人感到家的温馨，让顾客感觉不是在购物而是在自己家中挑选衣服

图 7-65 店内以木材作为大面积的装饰材质，营造了和谐统一的氛围。墙壁木材比地板颜色深，使得商品变得更加立体化

图 7-66 简洁的金属框架作为衣架，突出了干练高雅的气质，吊顶上具有一定倾斜角度的射灯活跃了卖场的气氛，令置身其中的顾客感到轻松愉悦

图 7-67 黑白对比使得空间典雅庄重，同时也提升了商品本身的品质

图 7-68 沙比利木色地板搭配橄榄绿的墙壁，令空间和谐统一。吊顶射灯的排列方向与货架摆放方向一致，使得空间有序统一

图 7-69 展柜与墙面构成黑白灰的时尚印象，商品在灯光映衬下散发出高贵的气质，消费者可轻松地体验奢华的感受

图 7-70 卖场黑白色块比例恰到好处，既素雅又不显凌乱，冷光配合模特对商品进行展示，加上绿色的点缀，空间更显高雅

图 7-71 重复就是力量，将同样的礼服挂在衣架上整齐排列似乎也是一种装饰，因为这些足够形成震撼力，让顾客的购买欲望油然而生